西华师范大学出版基金资助

环空螺旋流场及其在油气井固井中的应用

Annulus Helical Flow Field and Its Application in Oil and Gas Well Cementing

舒秋贵 罗德明 著

科学出版社

北 京

内 容 简 介

本书首先介绍国内外注水泥顶替理论的研究现状和问题;随后介绍在旋流扶正器导流下油井环空螺旋衰减流场的实验研究方法;螺旋流场流速、压降分布规律;旋流扶正器结构设计理论与方法;旋流扶正器井下间距设计方法;注水泥顶替实验研究方法;最后介绍螺旋流顶替在油田中应用案例。

本书可供石油院校有关专业研究人员和学生及其他院校流体力学、水力学专业相关人员参考,对于从事固井工程的专业技术人员具有一定的参考价值。

图书在版编目(CIP)数据

环空螺旋流场及其在油气井固井中的应用＝Annulus Helical Flow Field and Its Application in Oil and Gas Well Cementing /舒秋贵,罗德明著. —北京:科学出版社,2016

ISBN 978-7-03-049154-1

Ⅰ. ①环… Ⅱ. ①舒… ②罗… Ⅲ. ①环空流速-应用-油气井-固井-研究 Ⅳ. ①TE26

中国版本图书馆 CIP 数据核字(2016)第 143540 号

责任编辑:万群霞 / 责任校对:桂伟利
责任印制:张 伟 / 封面设计:无极书装

科 学 出 版 社 出版
北京东黄城根北街 16 号
邮政编码:100717
http://www.sciencep.com

北京教图印刷有限公司 印刷
科学出版社发行 各地新华书店经销

＊

2016 年 9 月第 一 版 开本:720×1000 B5
2017 年 5 月第二次印刷 印张:9 3/4
字数:200 000

定价:78.00 元
(如有印装质量问题,我社负责调换)

前　言

目前,在油气井固井注水泥顶替方面利用旋流扶正器的导流作用实现螺旋流顶替的方式越来越多,但国内外对其理论与实际应用方法的研究很不成熟。现场使用旋流扶正器大多凭借经验,缺乏理论依据和行业标准。对旋流扶正器导流作用下的环空螺旋流场的相关研究就是在这一背景下展开的。本书主要是笔者在西南石油大学完成的博士论文和在中国石油化工集团公司西南石油局、西南油气分公司博士后工作站所完成的研究成果基础上编写成的。全书共 7 章,第 1 章评析文献中关于注水泥顶替理论与方法研究现状、存在的问题和研究难点;第 2 章介绍螺旋流场实验研究方法;第 3 章介绍螺旋流场流动基本规律的实验研究成果;第 4 章和第 5 章介绍旋流扶正器结构的优化设计理论及其井下应用方法;第 6 章介绍注水泥顶替实验方法和顶替实验研究成果,包括轴向流顶替和螺旋流顶替,规则井眼、不规则井眼的顶替。第 7 章介绍现场应用实践案例。其中第 1 章至第 6 章由舒秋贵编写,第 7 章由罗德明编写。全书由舒秋贵统稿。

本书的实验分为两部分,关于螺旋流场基本规律的实验研究是在西南石油大学固井实验室完成的。特别感谢笔者的博士生导师刘崇建教授,虽然恩师已故,但他的敬业精神、严谨的治学风格、精深的学术造诣,以及对我的谆谆教诲,仍激励我奋然前行。在博士论文撰写阶段,刘孝良副教授、陈英老师也给予了大力支持,在此一并表示感谢。不规则井眼螺旋流顶替实验是在中国石油化工集团公司西南石油局、西南油气分公司博士后工作站期间完成的,特别感谢指导老师徐进局长、罗德明高级工程师、曾桂元高级工程师,西南石油大学博士生导师郭小阳教授,西南固井分公司姚勇、焦健芳、邓天安,中国石油化工集团公司西南石油局钻井研究院张建同志及其他相关技术人员给予的帮助。同时感谢研究生付纷纷和谢丽萍同学为本书的资料收集及整理做出的努力。

本书为笔者的部分学术研究成果，限于水平，书中可能存在观点或表述欠妥之处，敬请广大读者批评指正。

舒秋贵

2016 年 4 月

目　　录

第1章 绪 论

固井是建井过程中的一个重要环节。固井质量的好坏不仅关系到全井的钻井速度和成本,甚至关系到一口井的成败。特别是油层套管(或尾管)固井,其质量将直接影响油井的使用寿命及能否顺利进行油、气开采。

要得到质量较好的固井,在固井施工过程中首先尽量提高水泥浆顶替钻井液的顶替效率,实现完全替净,即保证所需封固段完全被水泥充满。对顶替效率不高的封固段,即使在室内配制性能再好的水泥浆,在井下也会因受泥浆的污染而全盘失效。提高顶替效率、力求环空封固段替净一直是国内外固井界重点研究的课题。

水泥浆对泥浆的顶替效率差,会从以下几个方面影响固井质量。

(1)注水泥过程中泥浆窜槽,为环空窜流提供了便捷的通道。

(2)因顶替过程中未能将附着于井壁的虚泥饼顶替干净,随着水泥水化,虚泥饼脱水发生干裂,在界面产生微缝隙,这为油气水窜提供了有利通道。

(3)因替净程度差,水泥浆与泥浆掺混,使水泥浆的性能变差,影响水泥水化,导致后期水泥石强度不高,影响界面胶结质量,增大水泥石渗透率,从而引发地层流体发生窜流。

因此,注水泥过程中如未能将泥浆替净,则起不到封严地层、防止环空窜流的目的,所以替净是保证固井质量的必要条件。

1.1 螺旋流在油气井固井中的应用背景

目前,注水泥顶替采用轴向流顶替和螺旋流顶替两种方式。轴向流顶替是顶替液沿井眼轴向一维顶替,是传统的固井注水泥顶替方式。螺旋流顶替是 20 世纪 80 年代末才出现的一种起步较晚的顶替方式。螺旋流顶替在一定程度上是对轴向流顶替方式的改进与补充。

1.1.1 轴向流顶替理论与技术现状

迄今为止,许多学者和工程师对轴向流顶替理论与实践做了大量的工作,理论上取得了一系列的有益成果,实践中也获得一系列的成功,固井施工质量与安全也得到长足进步。国内外学者对影响顶替效率的因素也有了一些共识，包括套管的居中度、固井液的流动状态、顶替液流经封隔层的紊流接触时间、钻井液的触变性、水泥浆与钻井液的流变性能、水泥浆与钻井液的密度差[1]等。分析认为，这些因素实质上都是从影响顶替界面的形态来影响顶替效率的。固井注水泥顶替钻井液效果的优劣主要在于顶替界面能否均匀平缓推进，顶替液与被顶替液不会剧烈掺混，发生顶替液窜流，或被顶替液锁在窄间隙而形成窜槽；顶替液与被顶替液之间的顶替界面越平缓，顶替效率越高。

为使顶替界面平缓，一些学者认为从两个方面采取措施可以实现。第一，顶替液本身的流速剖面平坦，对此研究主要运用的是单相流流态理论。该理论认为不同流态的流体运动其流速剖面的平缓程度不一样，顶替效果不一样，紊流与塞流流态其流速剖面很平缓，利于形成平缓的顶替界面，顶替施工实践中尽量避免使用层流顶替。第二，对于偏心环空还要求宽、窄间隙流体顶替界面均匀推进，这是对单相流流态运用的补充。即使宽、窄间隙流体都实现紊流，如果宽、窄间隙顶替界面速度相差较大，也会发生宽间隙顶替液窜流、窄间隙流体滞留形成窜槽，后文简称两相流顶替界面理论。两个方面的研究都有一系列成果，但也存在较多的分歧，甚至有些结论是矛盾的。

1. 单相流流态理论的运用

1）紊流顶替理论与技术

紊流顶替研究始于 1948 年，Howard 和 Clark[2]认识到紊流顶替有利于提高顶替效率，并认为提高顶替液的环空返速、降低钻井液的黏度有利于提高顶替效率 。1949 年，Owsley[3]指出使用紊流顶替有利于提高顶替效率；1964年 Brice 和 Holmes[4]利用现场资料说明水泥浆在紊流流动时，接触封固层的时间不低于 10 分钟，能有效提高顶替效率。此后，紊流顶替技术被广泛接受。1972 年，Tanaka 和 Miyazawa[5]的实验说明，增加紊流水泥浆的顶替量对提高顶替效率有良好的作用，他们指出，同心环空时顶替量增大 1.2～1.5 倍，而偏心环空却要增大 1.5～2 倍。紊流顶替能取得较好的效果，物理解释为：流体以紊流流态流动时，紊流形成的平均流速分布较为平坦，一般情况下其循环效率比层流状态下要高[6]；且因其紊动效应，利于顶替液对被顶替液进行动量交换，从而加速对环空壁面泥浆的清除。但在紊流施工设计时，通常按照同心环空紊流计算临界雷诺数和临界流速[7-9]，而同心环空流理论只有在套管居中度大于 85％时才适用，但实际套管居中度往往小于该值。Smith[7]、Sauer[8]实验中发现按同心环空设计的临界流速往往只能使部分环空紊流，窄间隙存在连续的泥浆槽；当整个环空水泥浆流速达到临界流速时，不存在泥浆滞留现象。

受地层承压能力和机泵能力的限制，水泥浆因其密度大、黏度高，紊流往往无法实现，这时工程上改用前置液（预冲洗液和隔离液）。Haut 和 Crook[10]、Couturbr 等[11]提出，隔离液能在合理的泵速下进入紊流而不产生过大的摩阻压降；隔离液可以被加重而使其密度大于泥浆但小于水泥浆，且没有过多的固相沉降，黏度比泥浆高，比水泥浆低；隔离液具有低失水的特点，有很好的稳定性；隔离液能给套管和地层创造水湿环境，与水泥浆和泥浆相容。但隔离液、预冲洗液是否有效？Gullot 等[12]研究认为：预冲洗液并没有人们所认为的能防止钻井液与水泥浆直接接触，即使在按照标准设计施工，预冲洗液自然流向宽间隙，并且流得很快，从而穿过泥浆，窄间隙仍为泥浆占据，后续水泥浆仍然与窄间隙泥浆直接接触，并沿轴向或在套管内（没有下胶塞的情况下）与泥浆混合；而且因隔离液的黏度比泥浆高，顶替过程中，隔离液先从宽间隙流走，或窄间隙被隔离液占据，这使水泥浆顶替隔离液比顶替泥浆更困难，发生前置液滞留，此时有可能存在水泥浆、泥浆和隔离液三相混合，隔离液实际上没有起到隔离效果。

通常认为，紊流顶替技术是最有效的顶替泥浆技术。但在下列情况下不能实施[6]：①如果按所需接触时间设计使用未加重的较稀顶替液的体积量，可能造成地层孔隙压力失控；②使用加重的顶替液实现紊流顶替，可能受机泵能力的限制；③顶替液从套管鞋返出时，由于 U 形管效应可能会使流速降低；④因成本的原因而节省顶替液的体积量和薄弱易漏失地层，也可能限制了大排量注水泥施工；⑤井眼不规则，存在扩眼或缩径的情况，紊流流场在不规则段往往存在涡流，使顶替液与被顶替液混合，或根本无法实现紊流。

2）塞流顶替理论与技术

塞流顶替理论与技术是 20 世纪 60 年代因实际条件限制紊流顶替技术的应用而发展起来的低速顶替技术。1965 年，Parker 等[13]指出，采用环空返速低于 0.45m/s 的塞流顶替，可以改善井径扩大处残留泥浆的顶替效果。Parker 等[13]通过实验发现，水泥浆和钻井液界面间发生化学反应生成的聚凝物作为固相以较低速度向上运移，足够低的速度情况下顶替更完全，污染减少。水泥浆的速度和水泥浆与泥浆之间的密度差是形成塞流的最主要的因素。塞流要求顶替流速低，且水泥浆黏度高于泥浆黏度。因此，塞流在下列情况下受限制而不能使用：①钻井、固井需要高黏度泥浆时；②水泥浆中往往含有分散剂，使水泥颗粒间的结构稳定性变差，降低剪切值，这往往导致水泥浆窜流，界面聚凝物形成不了,不利于顶替;③U 形管效应,水泥浆与钻井液之间的密度差越大,U 形管效应越容易发生,不利于塞流顶替的形成;④对于深井和高温井,塞流顶替需要很长时间不现实。刘崇建等[1]实验研究得出,套管偏心时,低速塞流顶替效率最好,塞流临界返速计算公式如下。

塑性液体:

$$V \leqslant 0.00583(D_o - D_i)\frac{\tau_0}{\eta_p} \tag{1-1}$$

式中,V 为塞流平均流速,cm/s;D_o 为环空外径,cm;D_i 为环空内径,cm;τ_0 为液体的动切力,Pa;η_p 为液体的塑性黏度,Pa·s。

幂律液体:塞流的条件为 $Re < 100$。其中,

$$Re_m = \frac{\rho(D_o - D_i)^n \bar{u}^{2-n}}{12^{n-1}K\left(\frac{2n+1}{3n}\right)^n} \tag{1-2}$$

式中,ρ 为流体密度,g/cm³;n 为流性指数,无因次;K 为稠度系数,Pa·sⁿ。

国内注水泥流变性设计长时间沿用行业标准[9]。过高的速度或紊流会使聚凝物破裂,成串的聚凝物流出,污染水泥浆,降低顶替效率。邓建民[14]根据塞流顶替理论,提出最小泥浆静切力的设计标准,推导出钻井液零滞留的条件。但塞流顶替缺乏紊流顶替状态的紊动效应,流体间的动量交换作用弱,对井壁虚泥饼和高黏附泥浆驱替能力弱。

3) 层流流态

井下流体塞流流态使用往往受前述情况影响实现不了塞流,也往往受地层承压能力或机泵能力的限制而实现不了紊流流动。因此,实际顶替流态为层流。当前层流顶替理论研究成果相对较多。

单相层流的流速剖面为抛物线形,容易导致顶替界面不稳定,因此,学者们展开了对流速剖面形态的影响因素与影响规律的研究。Li 和 Novotny[15]在对同心环空牛顿液体单相流研究中得出:①水泥浆黏度、密度和进口流速对流体流速剖面均有影响,降低水泥浆黏度可以使流速剖面更平缓,比高黏度水泥浆更利于顶替;②随着水泥浆的密度提高,流速剖面越平缓,因此,提高水泥浆的密度有利于顶替;③进口速度不如前两个因素影响明显,但也有轻微的影响。流速越低,流速剖面越平缓,也就是说,降低流速更利于顶替。另外,对于幂律流体,流性指数越小,流速剖面越平缓;对于宾汉流体,动塑比越大,流速剖面越平缓。Silva 等[16]提出利用流速剖面的扁平系数这一比较简便的方法

来优化设计注水泥顶替的思路。

2. 两相流顶替界面理论

因单相流与两相流存在较大的差异性,对单相流的研究结论不一定适合两相顶替流。学术界对两相顶替流理论的研究做了大量的工作,很多学者从环空宽、窄间隙流体的流动条件与宽、窄间隙流体运移速度快慢,顶替界面的均匀推进的实现条件进行研究。

1960 年,Mclean 等[17]假设最窄间隙充满泥浆,宽间隙充满水泥浆,计算最窄间隙泥浆平均流速和整个环空平均流速之比,若该比值小于 1,则发生水泥浆窜流。1989 年,Lockyear 和 Hibbert[18]分析认为水泥浆剪切应力必须大于泥浆静胶凝强度。水泥浆剪切应力理论模型为

$$\tau = \frac{(\Delta p/\Delta L)d_{\mathrm{h}}}{4}\left[1 - \left(\frac{d_{\mathrm{h}} - G_{\mathrm{an}}}{d_{\mathrm{h}}}\right)^2\right] \qquad (1\text{-}3)$$

式中,$\Delta p/\Delta L$ 为环空摩擦压降梯度;G_{an} 为环空间隙宽度;d_{h} 为井径。

由式(1-3)分析可知,对于偏心环空,随着 G_{an} 变化,水泥浆壁面剪切应力也将发生变化。环空摩擦压降梯度 $\Delta p/\Delta L$ 是环空几何条件、液体流变性、环空速度或顶替速度的函数。窄间隙泥浆运动较困难,需要较大的泵速才能提高顶替效率。套管偏心将导致环空压降比同心环空明显降低,相应地,水泥浆壁面剪切应力也比需要的低,从而使泥浆顶替出现问题。因此,在泥浆胶凝强度较高和顶替速率较低的情况下,窄间隙水泥浆壁面剪切应力太小,泥浆不运动。利于泥浆被顶替的因素为:较低的泥浆胶凝强度;好的居中度;较高的顶替速率。利于水泥浆的驱动因素为:较高的套管居中度;隔离液比水泥浆稀;水泥浆剪切应力低,即自身流动阻力小。1990 年,Lockyear 等[19]进一步考虑了浮力的作用,认为泥浆被顶替需考虑两种力,即摩擦压降和密度差引起的静压降。要使窄间隙被顶替液 A 流动,摩擦压降和密度差引起的静压降之和必须大于被顶替液剪切应力。分析得出顶替液 B 替走被顶替液的条件为

$$\left|\frac{\Delta p_{\mathrm{B}}/\Delta l}{2\tau_{\mathrm{yA}}/b} + \frac{(\rho_{\mathrm{B}} - \rho_{\mathrm{A}})g\cos\theta}{2\tau_{\mathrm{yA}}/b}\right| > 1 \qquad (1\text{-}4)$$

式中,$\Delta p_{\mathrm{B}}/\Delta L$ 为顶替液压降梯度;ρ 为密度;τ_y 为被顶替液剪切应力;b 为环空间隙。

根据式(1-4)可知,无密度差且当第一项较高时,即使雷诺数较低也能获得较高的顶替效率。确保最小的窜槽所需要的雷诺数可能取决于居中度。上

述分析只是考虑窄边间隙的泥浆是否流动的问题。但即使宽、窄间隙的流体都流动，宽、窄间隙的顶替界面也可能很不相同。要使宽、窄间隙顶替界面稳定，必须使宽间隙的平均流速小于(或近似等于)窄间隙的平均流速，则要求：

$$\left[\frac{\mathrm{d}p}{\mathrm{d}l}\right]_1 + \rho_1 g\cos\theta < \left[\frac{\mathrm{d}p}{\mathrm{d}l}\right]_2 + \rho_2 g\cos\theta \tag{1-5}$$

式中，ρ 为浆体密度；$\mathrm{d}p/\mathrm{d}l$ 为压降梯度；θ 为井斜角；1 和 2 分别为泥浆和水泥浆。

根据上述分析，要使顶替效率提高，需遵循以下几个原则：尽可能提高套管居中度；尽可能降低被顶替液的剪切力；顶替液相对于被顶替液需要有足够大的表观黏度，并且居中度越低，顶替液与被顶替液的表观黏度比则越高。

Brady 等[20]在上述研究的基础上，提出有效层流顶替的设计标准。

(1) 密度级差：顶替液的密度大于被顶替液，浮力效应对顶替界面的稳定作用。

(2) 摩擦压力级差：由顶替液产生的摩擦压力大于被顶替液产生的摩擦压力。

(3) 最小压力梯度：偏心环空，宽间隙的壁面剪切应力比窄间隙的剪切应力高，当流体具有静切应力时，其流动壁面剪切应力应该高于流体静应力值。为实现该条件，设计时需要确保最小的流速获得所需最小的压力梯度。

(4) 速度差：窄间隙的流速不小于宽间隙的流速，从而使顶替界面平缓。

国外对以上有效层流的实现制定了行业标准[21]。有效层流顶替理论确保了窄间隙泥浆流动和宽、窄间隙流速相等，为顶替界面的均匀推进提供了理论指导。但该理论要求密度级差、摩擦力级差、最小压力梯度，以及宽、窄间隙速度近似相等四个条件同时满足，这对指导施工显得比较保守。

刘崇建等[1]进行了类似的研究，得出水泥浆与泥浆无密度差时窄间隙宾汉流体宽、窄间隙流速相等的条件为

$$\eta_{\mathrm{pc}} = \eta_{\mathrm{pm}}\left(\frac{1+e}{1-e}\right)^2 \tag{1-6}$$

式中，η_{pc} 为水泥浆的塑性黏度；η_{pm} 为泥浆塑性黏度；e 为套管偏心度。

满足式(1-6)的 η_{pc} 称为临界塑性黏度。若顶替液的塑性黏度小于临界塑性黏度，钻井液在窄间隙的流速小于水泥浆在宽间隙的流速。反之，则窄间隙的钻井液流速大于宽间隙水泥浆的流速。进一步结合窄间隙钻井液流动条件可知，水泥浆动切力 τ_{oc} 和塑性黏度 η_{pc} 对顶替效果的作用在不同的流量情况

下并不完全一样。提高偏心环空水泥浆的顶替效果和减少水泥浆的返高差异,采取的主要措施有:①在低速情况下,提高水泥浆与钻井液的动切力比;②在高速情况下,提高水泥浆与钻井液的塑性黏度比;③当水泥浆和钻井液流变性能不能满足式(1-5)时,尽可能提高套管居中度。

另一些学者以流体动量方程、动力学方程、连续性方程为基础,有的还联合组分输运方程,结合非牛顿流体的本构方程,在一定简化条件下对顶替界面运移进行了研究。

1975 年,Flume[22]采用平板流法研究了同心环空幂律流体层流顶替模型。该模型假设条件为:体积流量恒定,忽略界面上的对流与扩散,顶替峰面平滑;环空压力仅是轴向坐标的函数,而与径向坐标、周向坐标、时间等无关;顶替液沿流道中心流动,而被顶替液沿壁面附近流动;顶替界面与单相流的速度剖面一样呈中心对称,求解时设顶替界面中心无剪切力,中心两侧界面上顶替液与被顶替液的剪切力相等。根据上述假设,推导出了顶替液和被顶替液的流动速度公式、界面位置运移公式。

1978 年,Martin 等[23]实验中沿着与柱面垂直方向上的所有参数都取平均值。顶替数学模型研究采用假设流体(泥浆、隔离液、水泥浆)不混合,有明显的界面分隔,流体间不发生化学反应;横向速度足够快,从而使每个横截面达到静力学平衡。研究结果认为,成功固井需同时满足下列条件:高居中度,限制停泵时间,顶替液对被顶替液高密度比和高黏度比,选择适合的隔离液(密度和黏度在顶替液和被顶替液之间,尤其在偏心度大时更应强调这点)。他们认为,使用了这种隔离液更适合用低速顶替。

陈家琅和刘永建[24]、刘永建等[25]、陈家琅等[26]、陈家琅[27]、王保记[28]用Flume 相近的方法研究了偏心环空宾汉流体、幂律流体的顶替速度计算式,泥浆不滞留的间隙极限宽度和最小流动压力梯度。通过推导得出的公式有:泥浆和水泥浆的流速、流量公式;泥浆不滞留的环空间隙极限宽度计算公式;确保窄间隙不滞留泥浆的最小顶替压力梯度计算式。研究得出,提高顶替效率的措施有:①增大泥浆的动塑比,降低水泥浆的动塑比,增大水泥浆与泥浆的比重差,采用适当的顶替压力梯度;②在水泥浆、泥浆参数一定时,适宜的顶替压力梯度值取决于套管偏心度;③套管不居中是影响顶替效率的一个重要因素,但不是唯一的、起决定作用的因素,有时套管居中度很好,但顶替效率和固井质量不见得高,所以,提高定向井偏心环空注水泥顶替效率的问题最终可归结为泥浆、水泥浆流变学问题;④套管在井中斜置或弯曲,破坏环空轴向流场,形成二维、三维复杂流场,可以减小或清除偏心环空滞留区,与其防止套管偏心,不如再适当拉大套管扶正器安放间距,让扶正器之间的套管段呈弯曲状态。

一些学者较系统地研究了直井、大斜度井、水平井、同心和偏心环空宾汉流、幂律流、罗伯逊-斯蒂夫流型的接触和非接触层流顶替的理论,取得一系列有益成果[1,29-35]。研究指出:①对于幂律流体来说,增大水泥浆与泥浆密度差,增大泥浆流性指数,减小水泥浆流性指数,减小泥浆稠度系数,增大水泥浆稠度系数,增大流量,减小套管偏心度,都有利于提高顶替效率;提出活动套管所诱导的回流与剪切流场是提高注水泥顶替效率的有利因素。对于非接触层流顶替,使用隔离液顶替对顶替无益。②对于宾汉流体,增大水泥浆与泥浆的密度差,其整体顶替效率增加;增大水泥浆动切应力,减小泥浆动切应力,其整体顶替效率和剖面顶替效率均增加;增大水泥浆的塑性黏度,减小泥浆的塑性黏度,其整体顶替效率和剖面顶替效率均增加;增大流量,其整体顶替效率增加。

Szabo 和 Hassager[36]运用润滑理论进行简化,建立牛顿流体顶替的界面运动模型,获得近似解析解,并分析了等黏度牛顿流体间在中、低雷诺数情况下密度差的浮力效应对顶替的影响。研究得出,顶替效率理论上不依赖雷诺数;黏度比比浮力数对顶替效率的影响更大。但利用该研究结果预测顶替效率比实际偏大,尤其在偏心、井斜的情况下应用更受限制。

上述研究简化过多,与实际相差较大。一些学者研究发现,界面附近的顶替流,周向速度与轴向速度具有相近的量级,不可对周向运动忽略[37],并且界面附近存在很明显的二次流[38]。

Pelipenko 等[37]、Bittleston 等[38]采用流动参数的径向平均值,参考多孔介质渗透黏性指进的 Hele-Shaw 模型进行二维顶替模型的系列研究。该模型假设条件为:环空间隙流体是均匀的,界面附近流体为简单混合,界面两侧流变性不变,以赫巴流型作为非牛顿流体的流变模式。该研究认为,界面上下游存在方向相反的逆流,如果这种方向相反的逆流很强,其剪切流将破坏重力对界面稳定的作用;对于同心环空界面位置,增大井斜角和被顶替液的剪切力、稠度系数、流性指数,减小浮力数和顶替液的剪切力、稠度系数、流性指数,环空下侧的界面高度比上侧要高;在偏心度的影响下,增大井斜角、偏心度、浮力数和被顶替液的剪切力、稠度系数、流性指数,减小顶替液的剪切力、稠度系数和流性指数,界面位置呈现与同心环空相反的情况,即环空下侧的界面高度(窄边)比上侧(宽边)低。模型推导中所有变量进行环空间隙平均化处理,忽略径向速度,简化假设比以往研究较合理。界面位置计算公式包含了各种相关参数,如偏心度、井斜角、密度差、流变性等。因此,Hele-Shaw 顶替理论模型能够描述整个环空内注水泥顶替界面形态,有利于保持注水泥顶替界面稳态的定量条件。但对近似解析解模型是在弱偏心的情况下运用摄动法推导的,对于其是否可以用于偏心度较大的情况,未作评价。Frigaard 和 Pelipenko[39]还评价了有效层流顶替理论的不足,认为有效层流的 4 个标准实际上只要满足环空宽、窄间隙流速近似相等,其他 3 个条件自然得到满足。

当前,随着计算流体动力学(computational fluid dynamics,CFD)的逐步发展,固井界学者通过建立多相流模型(volume of fluid,VOF)[40]研究顶替界面的运移情况,并获得一定的成功[41-43]。该模型的假设条件是:通过求解单独的动量方程和处理穿过区域的每一相流体的体积分数 a_i 来模拟两种或三种不混合的流体。对于 a_i 有:① $a_i = 0$ 时,第 i 相流体在单元中是空的;② $a_i = 1$ 时,第 i 相流体在单元中是充满的;③ $0 < a_i < 1$ 时,单元中包含了第 i 相流体和另一相或其他多相流体的界面。

出现在输运方程中的属性 φ 是由存在于每一控制容积中的分相决定的,例如,在两相流系统中:

$$\varphi = a_2\varphi_2 + (1 - a_2)\varphi_1 \tag{1-7}$$

式中,下标 1 和 2 表示相。所有的其他属性都以这种方式计算。相之间的界面由求解连续性方程获得:

$$\frac{\partial a_i}{\partial t} + u_i\frac{\partial a_i}{\partial x_j} = 0 \tag{1-8}$$

各相的体积分数由下式限制:

$$\sum_{q=1}^{n} a_q = 1 \tag{1-9}$$

通过求解整个区域内的单一的动量方程,作为结果的速度场是由各相共享的。如下所示,动量方程取决于通过属性 ρ 和 η 的所有相的容积比率。

$$\frac{\partial(\rho u_i)}{\partial t} + \frac{\partial(\rho u_i u_k)}{\partial x_i} = \frac{\partial p}{\partial x_k} + \frac{\partial}{\partial u_i}\left[\eta\left(\frac{\partial u_i}{\partial x_k} + \frac{\partial u_i}{\partial x_i}\right)\right] + \rho g_k \tag{1-10}$$

式中,u_k、u_i 分别为速度分量;p 为压力;ρ 为密度;η 为黏性函数;x_i、x_k 分别为坐标。

质量守恒方程为

$$\nabla \cdot \boldsymbol{u} = 0 \tag{1-11}$$

求解 VOF 模型的数学方法有有限体积法、有限元法、有限差分法等。该领域现有的研究使用当前国内外广泛应用的流体力学软件,如 FLUENT、FIDNAP,或通过自行开发程序,运用有限差分法进行方程求解。Eduardo 等[41]用 VOF 模型研究了垂直井环空顶替,被顶替液为幂律流体,顶替液为赫谢尔-巴尔克莱流体,研究得出,顶替液黏度大于被顶替液(水泥浆顶替隔离液)时,顶替效率好,在这种情况下降低流速,顶替界面越平缓,顶替效果越好;当顶替速度提高时,顶替液黏度因剪切稀释作用而降低(但保持黏度比大于1),顶替效果变差;而当顶替液与被顶替液的黏度比小于 1 时,提高顶替速度,顶替效果变好。密度差有着重要的作用,其浮力作用对泥浆的顶托作用迫使泥浆被顶替走。偏心度的影响为宽间隙顶替效果比窄间隙顶替效果好。另有假设[42]:顶替液与被顶替液是互融的,密度变量仅在动量方程中的浮力项出现,流体是不可压缩、绝热、非弹性的,从而对 VOF 模型进行简化,运用有限差分法进行求解。研究得出,有效层流顶替需要套管居中度高,密度差大(在给出的现场条件下,要求密度差为 10%～15%),并且要求正的流变性级差;井斜角增大,顶替效率降低,这主要是因为降低了密度差的影响,但可以通过优化泵速和流体流变性得到弥补;密度差和泵速间存在很强的交互作用,密度差会导致界面周向不稳定,这种不稳定通常可以提高顶替效率,但少量的被顶替液可能被截留在窄间隙里。

3. 小结

轴向流顶替理论与技术研究成果较多,现场应用也取得了一系列的成功。其中,紊流顶替应用强调得较多,但因其难度大、理论研究较少,且实际现场施工中也往往因地层承压能力弱或机泵能力限制而实现不了。低速塞流顶替理论对日益增多的深井固井更难以适用。与层流顶替理论相关的研究较多,获得了很多有价值的成果,取得了一定的共识,但也存在很多有争议的地方。两相流顶替界面理论基于宽、窄间隙顶替界面运移快慢的比较,研究环空整体顶替界面的均匀推进条件,改进单一流态运用的不足。当前研究的许多理论模型与各自的实验结果相吻合,但因实验条件与井下实际相差较大,研究成果应用有一定局限性,如研究中大多将环空流道规则化,而实际上,井眼不规则严重影响注水泥顶替效率的提高,轴向流顶替方式很难获得理想的顶替效果。

1.1.2 螺旋流与注水泥顶替

1. 螺旋流的应用概况

在非石油工程中,螺旋流场研究涉及的领域较多,包括气象学中低压气旋运动和高压反气旋运动的研究[44],水文学[45]、河流地貌学[46]中河流弯道环流的研究,水利学中水力输沙与排沙工程的研究[47-57],流体机械工程中的水力旋流扶正器[58]、涡轮动力机械[59,60]等的研制与使用研究,化学工程中热交换器[61-63]等的研究。在民用土灶和节能煤气灶的设计与建造上,也使用螺旋循环流来强化燃料与空气的混合,增加热流与锅底的接触面积,从而充分使用热能。实验室中的起旋动力设备或方式有蜂窝状导流管束、气体的切向流入、导流片的导流、旋转内管等。实验介质多为气体和水,属牛顿流体类型,研究流态多为紊流,对直圆管流的研究较多,对环空螺旋流的研究相对较少。测速方法和手段上有激光测速仪和毕托管测速仪,也有超声波测速仪,但公认激光测速仪的精度相对较高。近几年,一种改进的激光粒子图像测速技术得到较多的应用[64-69]。粒子图像测速技术是非接触、无干扰的,可测瞬态、全场速度,且测速范围较广,可测低速到超声速范围内的速度场。但激光测速要求实验介质透明,示踪粒子的跟随性好,粒子对激光的散射强度高,这无疑给实验带来很大的难度。数学方法是在实验的基础上,通过大胆地估计,对纳维-斯托克斯方程进行大量简化,或使用数值方法得出近似流场分布[70],但往往精度不高,只适合求解弱螺旋流场流速与压力[71,72]。

石油行业中使用旋流分离器进行高含水原油预分水和原油除水[73]、净化含油污水[74]。对于油气井井下环空螺旋流场的研究,研究对象多是井下环空流体钻杆旋转作用的非牛顿流体螺旋流[75-84],这种螺旋流沿轴向不存在衰减。

2. 螺旋流在注水泥顶替中的应用

1) 提高对窄间隙和近井壁钻井液驱替效果

对于偏心环空,轴向流顶替方式很难将窄间隙钻井液驱替出来,宽、窄间隙流体流动不同步,很容易导致顶替液从宽间隙窜流。而采用螺旋流顶替方式可以提高对窄间隙和近井壁钻井液驱替效果,减少或避免顶替液窜流问题的发生,大大提高注水泥顶替效率。因为螺旋流相对于轴向流存在一个周向流速,增加井壁周向剪切驱动力,易于携带近井壁的泥浆和冲刷井壁上的泥饼。另外,主流绕内管的旋转不但迫使流体进入窄间隙,而且在窄间隙的运动速度比在宽间隙的运动速度快,这对提高环空整体顶替效率具有非常重要的作用。螺旋流为实现对泥浆的完全顶替提供了理论依据和实现的可能。

2）提高对不规则井眼钻井液的驱替效果

实际井眼往往是不规则的,存在井眼扩大或缩小的情况。尤其是井眼非正常扩大时对轴向流顶替效果影响非常大。据分析,"大肚子"井段(特别是井径扩大率比较大时)或"糖葫芦"井段会给注水泥顶替带来如下影响:水泥浆上返过程中,在井径扩大处容易发生窜槽;井径扩大处,环空流速降低,剪切速率降低,流体对一、二界面的剪切力降低,减弱了水泥浆对近壁区钻井液的驱替作用,导致两界面胶接不良,影响固井质量,而且因雷诺数降低而不能实现紊流顶替;井眼扩大处的台肩处易形成充满钻井液的涡流死区,使水泥浆与钻井液混合而影响固井质量;"大肚子"或"糖葫芦"井段处的亚滞留钻井液(能不断被稀释携带向下游流动)不断稀释进入下游(即上部规则井径段),可能造成下游水泥浆污染,影响下游的水泥浆性能,从而影响固井质量。

分析认为,不规则井眼的顶替不同于规则井眼的关键之处在于台肩附近存在一定范围的涡流区。在涡流区钻井液很容易呈亚滞留状态(暂存于不规则段但能够不断流出的钻井液),亚滞留钻井液不断扩散并轴向输送,影响下游顶替界面的稳定性,从而影响下游的顶替液性能。一旦顶替液的使用量、性能和施工排量等使用不当,不规则段涡流区钻井液则永久滞留,顶替过程中下游水泥浆长时间受污染,存在大段混浆段,从而使水泥浆的正常性能被破坏,导致固井质量变差或失效。

因此,对于井眼非正常扩大的情况,注水泥施工受顶替时间和顶替量的限制,轴向流顶替存在"先天不足",而螺旋流顶替方式可以大幅度改善其顶替效果。顶替液进入井眼扩大段,其螺旋流运动形式可以使顶替液改变一维轴向运动下的由环空宽、窄间隙同时运动,螺旋流运动是主流流体绕内管旋转运动,相当于只受单边井眼扩大的影响,顶替液的主流流速减少幅度较小,而且有可能消除一维轴向运动时形成的涡流影响。

造成井眼不规则的因素主要为地层因素:地层岩性软硬不均,井眼轨迹难以控制;局部段地层疏松、水敏性强,容易掉块,坍塌;岩层层理、节理面与井眼轴线平行时,容易发生坍塌,从而造成"大肚子"或"糖葫芦"状。国内外页岩地层因其水敏性垮塌而存在大量不规则井眼。2007 年,Bakly 和 Samir[85] 报道全球用水基泥浆钻出的井眼扩大的情况是很常见的,据统计,在埃及西部沙漠地带的钻井中,Abu Roash(A/R)(深度范围为 1219.2~1981.2m)和 Alam Ei Bueib(AEB)地层(深度范围为 2773.68~3840.5m)存在大量井径扩大率在

100%以上的油井。埃及苏伊士湾油田井径扩大情况也非常普遍,特别是盐膏层[86]。美国西部落基山区怀俄明州爱文思东(Evanston,Wyoming)的油田井眼不稳定经常发生,由美国加利福尼亚美孚石油公司在墨西哥湾某油田所钻井眼平均扩大率曾达 30%～40%,在加拿大一些古老的页岩层钻井的井扩率也是如此。2009 年,Han 等[87]报道全球泥页岩地层占 75%、90%的井眼稳定性问题发生在泥页岩,有的层段扩径,有的层段缩径,且程度各不相同,从而形成"大肚子"或"糖葫芦"井段;随着国内外页岩气的钻采深入,不规则井眼将在很长时间内大量存在。

从公开的文献报道也同样得知,国内各大油田普遍存在不规则井眼的油气井[88-111]。如川西各构造主产层泥页岩水敏性强,易吸水膨胀,坍塌掉块,使井径扩大严重,"大肚子"井眼和"糖葫芦"井眼很常见[112,113]。以川西 2009 年钻的某两口井的井径数据进行说明,图 1.1 为井径随深度变化图。

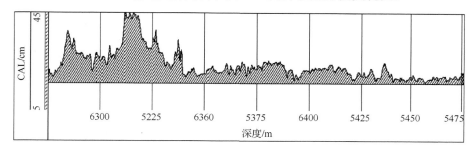

图 1.1　某井完测井径随深度变化图

上述井段井径平均扩大率为 23.6%～120%,这种井眼质量较差,井径极不规则。

井眼不规则极大地影响固井质量。1994 年,Saleh 和 Pavlich[114]对北美最大的油田阿拉斯加州普拉德霍湾(prudhoe bay)油田的数据进行了分析,得出井径扩大严重影响水泥胶结质量。2002 年,丁士东[88]根据现场统计数据总结出,凡是井径不规则的井段,其对应的固井质量普遍较差。2006 年,丁保刚和王忠福[89]根据统计计算得出,在不同井径扩大率情况下,随着井径不规则度值的增加,固井质量呈下降趋势;在井径不规则度值相同的情况下,随着井径扩大率的增加,固井质量随之下降。

不规则井眼的普遍存在,由井眼扩大、或呈"糖葫芦"状等带来的顶替效率不理想导致固井质量差这一事实,使得不规则井眼环空顶替理论与方法研究具有非常重要的意义。

3) 螺旋流顶替的实现与应用现状

顶替流体的螺旋运动最早是通过旋转套管来实现的。旋转套管时，通过套管的壁面摩擦力牵引流体绕套管柱做周向运动，结合轴向流动，使流体形成螺旋运动形式。但在施工过程中，因旋转扭矩较大，转速不能太快，导致效果不理想。而若加大旋转速度，则作业风险加大，尤其是在大斜度井、水平井固井中，扶正器扶正能力差，造成旋转套管难度大，这一技术的应用更是受到限制。而使用旋流扶正器实现螺旋流则容易得多。

旋流扶正器(分弹性旋流扶正器和刚性旋流扶正器)能通过旋流扶正器导叶的导流作用使流体形成螺旋流动。该项技术始于 1986 年，美国阿莫柯石油化工集团有限公司首先在井下成功地使用了套管刚性旋流扶正器。第一口井使用在 5478～5628m 井段中，在 101.6mm 套管上安装了 19 个外径为152.4mm 的扶正器，下在 165mm 的井眼中，测井资料表明此水泥环封固质量好，而其他段胶结较差。另一口井是在 4336～5387m 井段使用了 87 个209.6mm 的扶正器，套管直径是 177.8mm，而井径为 216mm，这口井的固井质量同样证实了上述效果。1989 年，Wells 和 Smith[115]发表了有关螺旋扶正器的室内实验研究的论文，该实验研究在分析旋流扶正器的几何结构、流体性能、井径参数对旋流长度的综合影响的基础上，建立了计算旋流长度的半经验公式，并据此设计旋流扶正器井下安放间距。

1987 年，中原油田广泛使用了弹性旋流扶正器，根据该年的固井情况统计，井径扩大率大于 30% 的井有 65 口，其中使用普通扶正器的井有 44 口，固井合格率为 91%，优质井有 21 口，优质率为 47.7%；而使用旋流扶正器的井有 21 口，固井合格率为 100%，优质率为 66.7%，这充分说明旋流扶正器对提高固井质量有明显的作用。1994 年，中原油田陈道元等[116]进行实验研究得出旋流扶正器产生最大的旋流场的导叶角为 35°～40°，旋流强度与导叶角、流量、流程等有关。大庆油田李成林等[117]和张景富等[118]进行实验研究力求通过大量实验分析旋流角的衰减规律。上述研究所得出的旋流角计算式很少考虑旋流扶正器本身结构因素的影响，导致结论应用受到限制。

西南石油大学的学者们对套管装有旋流扶正器的环空流场进行了理论与实验研究，在牛顿流体环空螺旋衰减流运动方程的基础上进行了一定的简化，得出周向速度的衰减模型和旋流有效长度表达式，以此作为旋流扶正器井下安放设计的依据[119,120]。但理论模型中，将旋流长度的影响因素综合为环空综合雷诺数 Re 和旋流扶正器导流角的影响，对旋流扶正器其他结构参数对旋流扶正器导流能力的影响研究较少，也缺乏对螺旋流场其他流动参数(如压降)的研究,旋流扶正器安放间距设计仅以单相流的衰减特征长度作为依据显得不足。

2002 年,西南石油学院李洪乾博士[121]的毕业论文采用有限元计算方法,借助工程应用软件 Ansys 进行了旋流扶正器段流场和环空流场的数值模拟。但研究中没有系统、全面地分析旋流扶正器的结构、流体性能、排量等与旋流轴向干扰长度、环空螺旋流场压降之间的定量关系,而且旋流扶正器间距的设计思路与以前的思路相同。

1.1.3　小结

在国内外学者和固井工程师的共同努力下,有关顶替理论与技术研究取得了丰富的成果,但研究中还存在一些问题,主要体现在以下几个方面。

1. 研究结论还存在较多的争议

研究结论还存在较多的争议,总体上包括顶替液流变性、密度和顶替流速三个方面。顶替液比被顶替液稀好还是稠好? 较稀顶替液容易实现紊流顶替,但剪切驱动能力小,也容易导致顶替液从宽间隙窜流发生。顶替液与被顶替液密度差大好还是小好? 在套管偏心情况下,如果环空宽、窄间隙流速相差较大,宽、窄间隙顶替液和被顶替液返高差异较大,则较大的密度差会导致顶替界面不稳定,尤其是井斜角较大的情况,这将会增大顶替液和被顶替液的掺混段长,或窄间隙大段被顶替液“被锁”;但密度差大可以提高浮力驱替作用,增强顶替液的周向二次流,一定程度上可提高窄间隙被顶替液的顶替效率,而小密度差会导致顶替界面不稳定,使顶替液和被顶替液发生严重掺混。注替施工泵速是高速好还是低速好? 高速顶替利于提高顶替液的动量或紊流度,但顶替液在高剪切速率作用下发生剪切稀释作用,容易发生顶替液窜流;低速塞流可以提高整体体积顶替效率,但剪切携带能力弱,尤其对近壁区和高黏附壁面的钻井液,驱动能力非常弱。

2. 顶替理论模型研究使用了过多的简化假设条件

以往理论研究大多将井眼视为规则井眼,环空流道视为轴向恒定,而实际井眼往往不规则,而且井眼轨迹可能变化较大,套管居中度差,且居中度呈轴向变化,环空流道轴向为变截面。因此,以往研究结论不能用来评价变截面流道顶替界面的稳定性及各参数对其影响。目前变截面环空固井技术沿用的仍然是常规井眼固井技术。国内固井工程注水泥施工水力参数设计时是将整个变截面环空简单处理为几个截面相同的井段,然后将各分段水力参数进行简单的线性加和,这违背了几何相似准则和运动学相似准则。

3. 螺旋流顶替研究非常少

总体上,轴向流顶替要实现比较理想的效果往往难度较大,而螺旋流顶替实现替净较为容易。但迄今为止,学术界对轴向流顶替研究较多,而螺旋流顶替研究非常少,现场大多凭经验施工,对螺旋流场的速度分布、压降分布、用于导流作用的旋流扶正器的安放间距设计等都未进行深入研究。国内外缺乏相应的行业标准,这严重影响了螺旋流顶替技术在固井施工实践中的应用效果。

1.2　环空螺旋衰减流场研究的必要性

轴向流顶替方式很难有效地将被顶替液清除干净,螺旋流顶替则可以很好地提高顶替效率。但旋流扶正器作用下的螺旋流及其在提高水泥浆顶替效率应用方面的理论和实验研究很不完善。旋流扶正器作用下的环空螺旋流顶替与以往的轴向流顶替是两种截然不同的顶替方式。因此,用以往的轴向流顶替理论指导固井施工显然不合适。而国外 Weatherford、Milan、Amoca 等固井服务公司一直致力于开发新产品并大量生产,旋流扶正器在国外得到普遍应用,这也蕴示着旋流扶正器对提高固井质量具有重要的价值。国内对这方面技术研究还很落后。通过上述文献调研可总结出旋流扶正器作用下的螺旋流顶替理论与技术还存在以下几点不足。

（1）没有就旋流扶正器本身结构与其导流效果之间的关系进行研究。

（2）旋流扶正器作用下的环空螺旋流动规律研究中没有综合考虑旋流扶正器结构和环空螺旋流场的压降、周向速度之间的关系,因此所得出的结论不具有普遍性,从而使应用受到一定限制。

（3）旋流扶正器的间距设计理念过于简单化,单纯根据旋流扶正器的轴向干扰长度进行旋流扶正器井下间距设计显得不足。

（4）旋流扶正器的井下准入性问题没有解决,不合理的结构将严重影响旋流扶正器的安全下入,以及造成流道堵塞。

（5）螺旋流式注水泥顶替中的压降问题还没有解决,这涉及注水泥顶替施工安全问题。

因此,此方面还需要深入展开深入的研究,它对在国内油田推广使用旋流扶正器及螺旋流顶替技术,改善油田传统的轴向流顶替效率较低的局面是很有必要的。

1.3 螺旋衰减流研究难点

螺旋衰减流研究的难点主要有以下两点。

1.3.1 螺旋衰减流场理论求解非常困难

钻井流体力学中研究较多的为内杆旋转作用的螺旋流,其特点是沿程周向速度不发生变化。崔海清[76]采用固定某一角度,然后进行无限细分法,将方程的非线性项消去,求出半解析解。而对于固井注水泥时,使用旋流扶正器作用的螺旋流属于非牛顿流体螺旋衰减流,这类螺旋流的特点周向速度沿程发生衰减。通过一系列推导,可得出幂律流体运动方程组[122-126]:

$$-\rho r\omega^2 = \frac{\partial S_{rr}}{\partial r} + \frac{1}{r}\frac{\partial S_{r\theta}}{\partial \theta} + \frac{\partial S_{rz}}{\partial z} + \frac{S_{rr} - S_{\theta\theta}}{r} \tag{1-12a}$$

$$\rho\left(\frac{u_\theta}{r}\frac{\partial u_\theta}{\partial \theta} + u_z\frac{\partial u_\theta}{\partial z}\right) = \frac{\partial S_{r\theta}}{\partial r} + \frac{1}{r}\frac{\partial S_{\theta\theta}}{\partial \theta} + \frac{\partial S_{\theta z}}{\partial z} + \frac{2S_{r\theta}}{r} \tag{1-12b}$$

$$\rho\left(\frac{u_\theta}{r}\frac{\partial u_z}{\partial \theta} + u_z\frac{\partial u_z}{\partial z}\right) = -\rho g + \frac{\partial S_{rz}}{\partial r} + \frac{1}{r}\frac{\partial S_{\theta z}}{\partial \theta} + \frac{\partial S_{zz}}{\partial z} + \frac{2S_{rz}}{r} \tag{1-12c}$$

式中,r 为径向坐标;z 为轴向坐标;ω 为环空中与 z 轴距离为 r、偏角为 θ 的流体质点旋转角速度;S_{rr}、$S_{r\theta}$、S_{rz}、$S_{\theta\theta}$ 分别为应力张量的分量;u_θ 为周向流速;u_z 为轴向流速。幂律流体的应力张量 S 分量形式为

$$S_{rr} = -p, \quad S_{\theta\theta} = -p + 2\eta r\frac{\partial \omega}{\partial \theta}, \quad S_{zz} = -p + 2\eta\frac{\partial u_z}{\partial z}$$

$$S_{r\theta} = S_{\theta r} = \eta r\frac{\partial \omega}{\partial r}, \quad S_{rz} = S_{zr} = \eta\frac{\partial u_z}{\partial r}, \quad S_{\theta z} = S_{z\theta} = \eta\left(r\frac{\partial \omega}{\partial z} + \frac{1}{r}\frac{\partial u_z}{\partial \theta}\right)$$

$$\tag{1-13}$$

其中

$$\eta = k\left[\left(r\frac{\partial \omega}{\partial r}\right)^2 + \left(\frac{\partial u_z}{\partial r}\right)^2 + \left(r\frac{\partial \omega}{\partial z} + \frac{1}{r}\frac{\partial u_z}{\partial \theta}\right)^2 + 2\left(r\frac{\partial \omega}{\partial \theta}\right)^2 + 2\left(\frac{\partial u_z}{\partial z}\right)^2\right]^{\frac{n-1}{2}}$$

$$\tag{1-14}$$

当流动属轴对称同心环空螺旋衰减流,则有 $\frac{\partial}{\partial \theta} = 0$,可将方程做一定的简化。方程组为变系数、非线性、非齐次偏微分方程组,此类方程组的求解,无论从纯数学还是应用数学的观点来看都很不完善,至今还没有成熟的解法。随着计算流体动力学的发展,对多相非牛顿流体在复杂流道以螺旋形式运动的流场研究将会取得越来越多的成功。

1.3.2　相似模拟三维流场测速难度非常大

对于三维流场,现有测速方法存在诸多不足,如毕托管测速仪的干扰性大(尤其对小尺寸流场)、总压探头往往因偏离主流速方向而使测量不真实、激光测速仪的三维聚焦难度大、粒子跟随性差、被测液透明度的限制及费用高等。可以说,正是由于这些原因,国内外对环空螺旋衰减流研究得很少。

1.4　主要内容与研究方法

鉴于传统的轴向流顶替存在诸多的弊端,不能将环空有效替净,螺旋流顶替的使用显得非常有必要。但旋流扶正器作用下的环空螺旋衰减流的研究难度较大,至今在理论与实践上都未对其有很深入的认识,现场对其应用受到很大限制。本次研究借助实验手段,结合理论分析进行了研究。首先就实验装置和测试方法进行了研究,为进一步研究螺旋衰减流场提供有力的手段。本书介绍的主要内容包括如下几个方面。

(1) 小尺寸环空螺旋流衰减流场测速方法。

(2) 旋流扶正器结构设计和评价。

(3) 旋流扶正器段阻力研究。

(4) 在旋流扶正器作用下的环空流场规律。

(5) 旋流扶正器井下安放间距设计理论与方法。

(6) 注水泥顶替实验。

(7) 现场施工案例。

第2章 小尺寸环空螺旋流场测速方法

非牛顿流体的螺旋衰减流数学模型理论求解难度大,数值求解运算工作量大,且难以保证精度,工程应用也不方便,室内物理模拟实验仍是有效的研究手段。研究表明,运用几何相似原理可对环空尺寸进行相似模拟。考虑旋流扶正器具有对套管扶正的作用,将井眼环空近似视作同心状。

2.1 螺旋流场实验装置设计

设计加工环空螺旋流循环实验装置如图 2.1 所示。模拟实验装置主要包括模拟井筒、循环系统和测试系统三个部分。

模拟井筒:井筒由内径为 50mm 有机玻璃管(便于测量和观察)、外径为 25mm 的塑料管构成,内管外径与外管内径的比值为 0.5,这一比值与现场套管与井眼的组合很接近。井筒全长为 2.5m,环空螺旋循环流井筒在距进水口 20D(D 为外管内径 D_o 与内管外径 D_i 之差)位置安放旋流扶正器。

循环系统:由动力泵、进出水管线、井筒环形空间、储液箱等组成。流体自动力泵(所用动力泵为 YLBW50-28 单相节能水泵,额定流量为 6m³/h,额定扬程为 24m,吸程为 7m,电机功率为 1100W)加压后,由输水管段输送至与其相连的实验管段。在动力泵出水口的输水管上装有阀门调节流量。为了使液体能够进入井筒环形空间,在内管的下端口装有分流塞,并在分流塞附近设置扶正片,以保证内管居中,且使流体循环时内管稳定。液体流经实验管段后由出水软管流回储液箱,再由进水管线经动力泵压入井筒环形空间,以形成环空循环流动。储液箱为敞口式长方形铁箱。过渡箱供顶替实验时装被顶替液,以免被顶替液污染顶替液,影响后续顶替效果。过渡箱和储液箱之间用隔离板隔开。

测试系统的测点设置、测试内容及方法如下。

2.1.1 测点设置

局部段截面的上游位置 20D 范围内就可以使参数基本达到稳定,以此确定有效测试段为距进水、出水口处 50cm 之间环空段,即有效测试段为 1.5m。

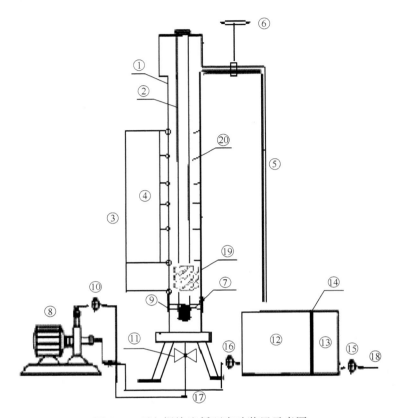

图 2.1　环空螺旋流循环实验装置示意图

①有机玻璃外管；②塑料内管；③测压孔；④测速孔；⑤出水软管；⑥稳定架；⑦分流塞；⑧动力泵；⑨扶正片；⑩阀门 1；⑪阀门 2；⑫储液箱；⑬过渡液箱；⑭隔离板；⑮阀门 3；⑯阀门 4；⑰输水管线；⑱排液管线；⑲旋流扶正器；⑳吊线

在有效段两端设置压降测试孔，距离底部测压孔 0.5m 处的同一环空断面外管壁呈 180°开设两个测速孔[127]。

螺旋流测点设置：在旋流扶正器安放位置两端的管壁上开测压孔，沿轴向距旋流扶正器 $2D$、$16D$、$24D$、$36D$、$48D$、$60D$ 位置开吊线孔、测速孔，$2D$ 与 $60D$ 位置的测速孔也用于测压降。

2.1.2　测试内容及方法

流量测量：使用定量量桶（6.175L），记录装满量桶所需的时间。此处 $V=6.175L$，t 为装满该体积量桶所需时间，流量单位为 L/s，流量测量误差为

±0.05L/s。

测压系统:由倒 U 形管差压计、传压导管及传压管线组成。用倒 U 形管差压计测量轴向流场和螺旋流场的流动压降,以及旋流扶正器的能耗。压降的大小可从倒 U 形管差压计上直接读出。

流变性测量采用范氏六速旋转黏度计,测流体的流性指数、稠度系数、动切力和塑性黏度值等。

流速测量实验按相似原理进行模拟,相应地减小被测对象的尺寸,这对测试手段和方法提出了更高精度的要求。对于小尺寸模拟环空螺旋衰减流同样存在这方面的问题。

因为环空是根据相似准则缩小尺寸进行设计模拟的,环空流道较小,这对流场速度测量带来以下难点:环空尺度小,现有毕托管接触式测量对流场干扰大,毕托管测速仪在三维流场测速时总压孔不易对准主流速方向,且静压孔易受速度分量的干扰;激光测速仪粒子跟随难度大,且受被测液透明度的限制。鉴于此,下面研究一种新的测试方法。

2.2　测速方法

大多数水力学研究都表明径向速度比其他两项分速小得多,可以忽略不计[58,61,70,71]。因此,本实验不测试径向速度,仅对轴向速度和周向速度测试方法进行研究。

2.2.1　轴向速度测量

1. 测速仪设计

因是小尺度、轴对称同心环空螺旋衰减流,测速时认为应考虑以下几个问题。

(1) 测头足够小,避免测头对流场的干扰。

(2) 测轴向速度时,避免其他速度分量的影响。

(3) 静压孔不受离心力的影响。

(4) 避免周向速度轴向衰减的影响。

因此,测速仪做如下设计。

(1) 总压和静压使用不同的测头接收,并在同一断面呈 180°等半径设置[见图 2.2(a)和图 2.2(b)]。

因流道属于同心环空轴对称流,则有 $\partial u_z / \partial \theta = 0$($u_z$ 为轴向速度,θ 为周向角),即同一横断面的同一径向位置的流速相等。因此,测量同一点的轴向速度时,虽然静压孔与总压孔在同一断面呈 180°等半径分开设置,但接受的是相当于同一点的总压和静压。分开设置可以消除总压测头对静压孔的干扰,也可以避免毕托管总压孔和静压孔呈上下游设置,流速测头管柄堵塞流道而导致流速增高、静压减小,从而影响测量结果的缺点;而且因为流场沿程不断发生变化,若总压测头和静压测头呈上、下游设置,势必使总压孔和静压孔所接受的压力不是同一点的总压和静压。而总压测头和静压测头在同一断面设置可克服这一缺点。

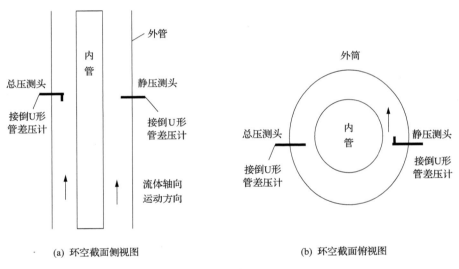

(a) 环空截面侧视图　　　　　　　　　　(b) 环空截面俯视图

图 2.2　测速系统及测头安放示意图

(2) 将毕托管总压测头严格对准所测轴向速度来流方向,而将静压孔朝着与切向速度相同的方向,而且只开设一个静压孔。此时所测出的总压为静压与所测轴向速度动压之和,静压孔避免了其他速度分量和离心力的影响。由此,总压减去静压测头测得的静压部分,即可得出轴向速度动压,并算出轴向速度的大小。

(3) 测压孔在不堵塞的前提下开得越小越好。

根据上述分析,对拟毕托管测速仪的设计如下。

采用两个外径 D_o 为 1.2mm、内径 D_i 为 0.8mm 的不锈钢管棒做测头,测头与管柄近似成 90°。管柄插于胶塞,胶塞内表面与管壁平齐测头管柄标有刻度,以调整不同测点位置。差压计采用倒 U 形管差压计,由此便可直接测出速度水头 Δh,根据式(2-1)可计算出被测点流速大小:

$$u_\infty = \sqrt{2(p_0 - p_\infty)/\rho} = \sqrt{2g\Delta h} \tag{2-1}$$

式中,u_∞ 为被测点流速,m/s;p_0 为流体的总压,Pa;p_∞ 为流体静压,Pa;ρ 为被测液体密度,g/cm³;Δh 为速度水头,cm。

为表述方便,称该测速方法为拟毕托管测速方法,该称测速仪为拟毕托管测速仪。针对使用旋流扶正器导流存在旋流衰减的问题,为充分发挥轴向流顶替和螺旋流顶替各自的优点,提出了"轴向紊流顶替＋螺旋流顶替＋高黏切力"相结合的顶替技术,该技术兼顾了施工安全、固井质量和作业成本的要求,具有较强的实践意义。

2. 测速仪标定

虽然上述设计方法避免了一些因素对测量精度的影响,但仍有一些不能避免的因素使它不能测得准确值。例如总压孔,它所测得的压力实际上是总压孔整个孔面积上的平均压力,而不是流速为 0 那一点的压力。由于孔面上速度不为 0 的各点的压力都被总压孔接收,平均结果就比速度为 0 的一点的压力要小一些。因此,总压孔开得越小越好。但实际上还要考虑到堵塞和其他因素,总压孔过小也不行,因此,这一因素是不可避免的。还有湍流度及测压孔的加工质量也会影响其测量结果。

上述种种影响因素造成测得的差压不等于动压,因而将式(2-1)修正为

$$u_\infty = \alpha \sqrt{2(p_0 - p_\infty)/\rho} = \alpha \sqrt{2g\Delta h} \tag{2-2}$$

式中,α 为修正系数。

定 α 的过程称为对测速仪的系数标定,系数标定采用流量标定法,因用量筒测量流量 Q 的精度比较高,可以以此作为标准值对拟毕托管流速仪所测的流速与横截面面积计算出的流量进行标定。具体方法可分如下四步。

第一步:测环空横截面不同径向位置 L_j 流速(布点见图 2.3)。

第二步:计算两相邻测点间相应过流面积 A_i(称部分面积):

$$A_i = \pi(r_{j-1}^2 - r_j^2) \tag{2-3}$$

式中,r_j、r_{j-1} 分别为环空间隙相邻两测点,$j = 1,2,3\cdots6$,$r_0 = 1.25$cm,$r_1 = 2.50$cm。各测点到轴心距离 L_j 见图 2.3。

第三步:计算各部分面积流量 Q_i:

$$Q_i = A_i \bar{v}_i \qquad (2\text{-}4)$$

式中，$\bar{v}_i$ 为两相邻测点间的算术平均流速。

第四步：将各部分面积流量加和，即得整个横截面面积过流流量 Q：

$$Q' = \sum_{i=1}^{6} Q_i \qquad (2\text{-}5)$$

第五步：算出标定系数：

$$\alpha = Q/Q' \qquad (2\text{-}6)$$

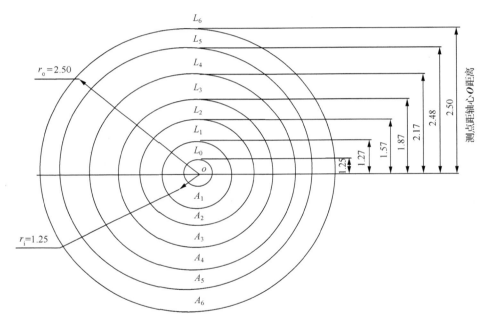

图 2.3　环空横截面测点设置示意图

标定举例：通过量筒实测两个流量，分别为 0.556L/s 和 0.357L/s，测得的流速见表 2.1。但标定总是在某一特定的流场内进行的，它不可能把测量时将会遇到的各种情况包括进去。这样，随着使用时遇到的状况不同，就有不同的因素影响流速测量的结果。本节使用不同性能流体进行实验，其黏度相差很大。根据毕托管测速仪的测速实验研究，当毕托管在小雷诺数（以毕托管总压孔直径 d_i 为特征长度）下测量时，毕托管的标定系数将随雷诺数的变化而变化。对于这一问题，还没有理论结果。国际标准 ISO3966 规定，毕托管必须在雷诺数大于 200 的条件下使用。由此可以算出与此相对应的毕托管输出的差压 Δp 是多少。

表 2.1　测速系数标定

测点 L_j	离环空外壁距离/cm	A_i/cm²		$\bar{v}_i$/(m/s) 量筒所测流量/(L/s)		Q_i/(L/s) 量筒所测流量/(L/s)	
				0.556	0.357	0.556	0.357
L_0	0						
L_1	0.02	A_1	0.31	0.07	0.05	0.002	0.002
L_2	0.32	A_2	4.4	0.27	0.18	0.118	0.078
L_3	0.62	A_3	3.8	0.46	0.3	0.175	0.113
L_4	0.92	A_4	3.3	0.47	0.31	0.156	0.101
L_5	1.23	A_5	2.5	0.28	0.19	0.07	0.048
L_6	1.25	A_6	0.4	0.07	0.05	0.003	0.002
$\sum_{i=1}^{6} Q_i$						0.461	0.343

注：流量 1 标定：$\alpha = Q'/\sum Q_i = 0.556/0.461 = 1.21$；流量 2 标定：$\alpha = Q'/\sum Q_i = 0.357/0.343 = 1.04$。

从雷诺数的定义及其大于 200 的条件有

$$Re = \frac{\rho u_\infty d_i}{\mu} > 200 \tag{2-7}$$

$$\Delta p > \frac{20000}{\rho} \left(\frac{\mu}{\alpha d_i} \right)^2 \tag{2-8a}$$

对于非牛顿液体幂律流体，其雷诺数和差压表达式分别为

$$Re = \frac{8000 \rho V_\infty^{2-n} d_i^n}{800^n K \left(\frac{3n+1}{4n} \right)^n} 7200$$

$$\Delta p > \frac{40^{(2-n)/2}}{2\alpha^2 \rho^{\frac{n}{2-n}}} \left[K \left(\frac{600n+200}{d_i n} \right)^n \right]^{2/(2-n)} \tag{2-8b}$$

式中，n 流性指数；K 为流体稠度系数，$Pa \cdot s^n$。

当毕托管输出的差压满足式(2-8)时,流体黏性的影响可以忽略。

3. 重复性检验

测试仪要求有好的重复性,否则测试结果不可靠。影响重复性的因素有以下几点。

1) 低速脉动的误差

这是指流体压力在测量过程中有低频率的波动。如果测量周期不够长,不足以获得正确平均流速的慢波动,就会形成误差。当增加测量次数和延长持续时间时,这一误差就会减小。本节实验每次计量速度水头时,都是在差压计动液面完全静止时开始记录,当出现平均速度慢波动时,则需等待足够长时间,当差压计动液面恒定在某一范围时,取其范围之间值加以平均。

2) 测压测头对流向偏斜引起的误差[128]

如果毕托管头部的轴线与流向不平行将会引起测量误差,这一误差随偏角的增加而增加。因此,实验时需严格做到测头与所测流速(分量)与流向平行。

重复性实验:测速仪要求所测结果重复性好,这样对所标定结果才有实际意义,经标定后计算的值才能真实反映实际流场的情况。图 2.4 是未经系数标定的实验结果。

由图 2.4 可知,拟毕托管测试仪测试结果重复性非常好,这为测速标定提供了可靠的前提。

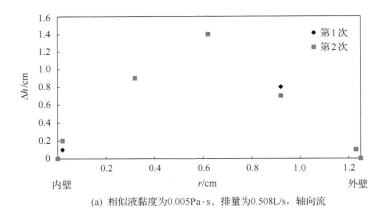

(a) 相似液黏度为0.005Pa·s,排量为0.508L/s,轴向流

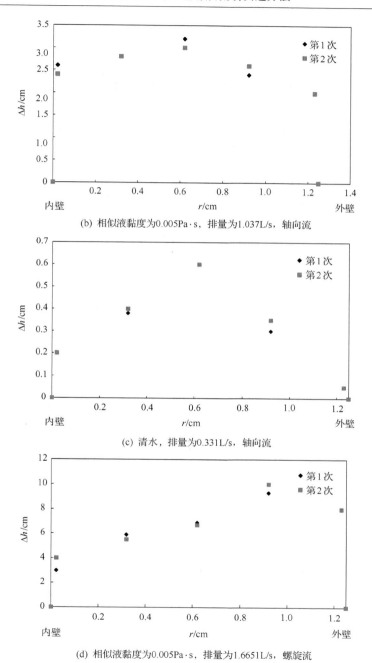

(b) 相似液黏度为0.005Pa·s，排量为1.037L/s，轴向流

(c) 清水，排量为0.331L/s，轴向流

(d) 相似液黏度为0.005Pa·s，排量为1.6651L/s，螺旋流

图 2.4　重复性实验

2.2.2　周向速度测试方法

　　周向速度是螺旋衰减流中最活跃的一项,螺旋衰减流实际上就是周向速度的衰减。因此,螺旋衰减流场的研究中将把周向速度的变化、分布特征作为重点研究对象。

　　因周向速度随轴向衰减,衰减到一定程度时,旋流强度较弱,周向速度较小,拟毕托管测量该分量相对误差将会较大。因此,测量周向速度不单独采用拟毕托管测速仪,而是在拟毕托管测速仪测得轴向速度的基础上,再用吊线法测出轴向与主流向的夹角,即旋流角 θ_x。在测出不同径向位置的旋流角 θ_{xi} 的基础上,再由式(2-9)计算周向速度:

$$u_{\theta i} = u_{zi} \tan\theta_{xi} \tag{2-9}$$

式中, i 表示不同测点径向位置; $u_{\theta i}$ 为不同断面各径向位置的周向速度; u_{zi} 为不同断面不同径向位置的轴向速度。

　　旋流角的测量方法为:为使吊线能真实反映旋流角,用质地轻而柔软的彩色丝线一端穿入标有刻度的管棒中,另一端可以随流体自由活动。用量角器测出丝线指示方向(即所测点的主流速方向)与轴向的夹角,此夹角即为旋流角。因吊线对流向的反映较灵敏,因此,所测旋流角精度一般较高。通过多次读值,得出读数误差为 $\pm 1°$。

第3章　在旋流扶正器作用下的环空螺旋流场

关于在旋流扶正器导流作用下的非牛顿流体螺旋流场的研究总体上较少。有关学者利用超声波测速仪测速进行了尝试性的研究[119,120]，得出在开始段，轴向速度和周向速度剖面都向外管壁倾斜，速度的最大值向外壁偏移；随着流体离旋流扶正器越来越远，周向速度不断减弱直到某一位置消失，而轴向速度逐渐恢复为纯轴向流动。学者们对旋流扶正器导流角、导叶有效高度、流体流变性、排量对旋流长度的影响也进行了研究。但因超声波收发极集中在几毫米的探头上，且要保证入射波与反射波在规定的位置上交汇，难度很大；实验研究也没有得出上述相关量之间的定量关系。本章将使用牛顿液体和非牛顿液体对环空螺旋流场的轴向流速和周向流速及其衰减规律进行实验研究，并结合理论分析，在函数构建的基础上利用统计方法研究旋流扶正器结构参数、流体性能、施工排量与周向速度之间的定量关系，以此反映旋流扶正器导流下的螺旋流场规律，揭示各因素的影响机理，并为进一步研究周向壁面剪切力打下基础。

工程施工的另一个重要水力参数是压降。在轴向流流场的研究中，已从实验和理论上得出轴向流中压力是沿轴向呈线性衰减的，压降梯度为常数。对螺旋衰减流场压力的分布规律研究得很少，在水力输沙研究领域中略有涉及[47-53]，其研究对象均是圆管螺旋流，且使用的工作介质为清水，得出螺旋衰减流场的压力损失有别于轴向流的结论，螺旋流场压力损失大于轴向流的压力损失。杨树人等[129]对圆管螺旋衰减流的压降进行了研究，认为螺旋衰减流的压降不同于一维轴向流呈线性衰减，其压降是非线性的。起旋器出口后的开始段压力降低很快，随着远离起旋器越远，压降速率逐渐降低，直至最后转变为一维轴向流的线性降低。在固井注水泥顶替领域还没有人对此进行研究。同等条件下，螺旋流比轴向流附加的压力损耗将增加泵压，同时螺旋流附加的环空摩擦阻力将作用于地层。在受到地层承压能力和机泵能力限制的情况下，有必要对螺旋流场的压降进行研究，以便保证工程安全施工。

3.1　实验介质

为了满足观测需要,用聚丙烯酰胺配制不同性能的透明液体,以模拟井下固井液。具体实验介质性能如表3.1所示。

表 3.1　实验介质

编号	n	$K/(Pa \cdot s^n)$	$PV/(Pa \cdot s)$	YP/Pa
1#	1	0.001		
2#	1	0.005		
3#	0.830	0.026	0.007	1.022
4#	0.716	0.614	0.018	5.110
5#	0.632	0.198	0.011	4.599
6#	0.771	0.036	0.006	1.278

注:PV 为泥浆塑性黏度;YP 为宾汉流体动切应力。

3.2　环空螺旋流场

因径向速度很小,沿程速度只研究轴向速度和周向速度。使用6种结构旋流扶正器进行实验,各旋流扶正器结构参数见表3.2,具体实验设计见附表1。

表 3.2　旋流扶正器编号

扶正器类型	导流角 $\theta/(°)$	导叶有效高度系数 ϕ_h	旋流扶正器长 L_x/mm
1#	45	0.92	96
2#	30	0.92	96
3#	20	0.92	96
4#	45	0.72	96
5#	45	0.56	96
6#	45	0.92	48

3.2.1　轴向速度

选取部分数据进行分析,对数据进行无因次化处理。环空间隙采用无因次径向位置：

$$r' = \frac{r - r_i}{r_o - r_i} \tag{3-1}$$

式中，r_i 为环空内壁位置；r_o 为外壁位置。将断面所测点流速与该点所在横截面所测得的最大流速 $u_{z\max}$ 相除，进行速度无因次化。距离旋流扶正器轴向位置采用 z/D 无因次化（z 为轴向旋流扶正器的实际距离）。图 3.1 为距离旋流扶正器不同轴向位置的轴向速度随径向分布图。

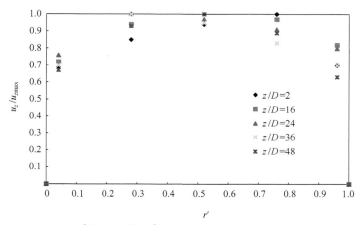

(a) $1^{\#}$ 旋流扶正器，$1^{\#}$ 试验介质，流量0.478L/s，Re'=8118.896

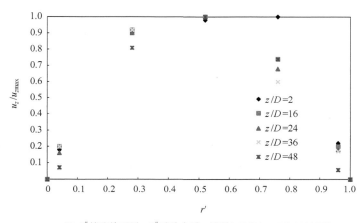

(b) $1^{\#}$ 旋流扶正器，$2^{\#}$ 试验介质，流量0.508L/s，Re'=1722.293

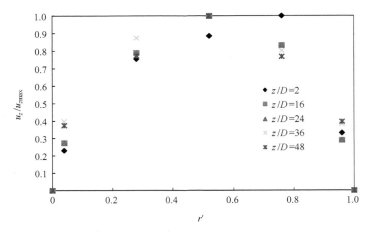

(c) 1#旋流扶正器，6#试验介质，流量1.0L/s，Re'=1675.817

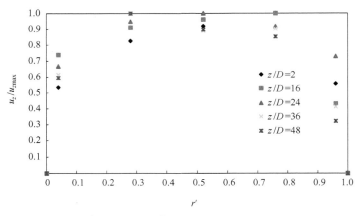

(d) 6#旋流扶正器，6#实验介质，流量1.5L/s，Re'=2758.828

图 3.1　无因次轴向速度分布图

从所测结果可以得出以下结论。

（1）环空螺旋流场与一维轴向流场不同，其轴向速度的最大值不是向环空轴线内偏移，而是向外偏移，并随旋流作用增强而靠近井壁幅度越大。

（2）牛顿液体与非牛顿液体轴向流速的径向分布特征沿流程变化趋势基本一致。

（3）紊流速度剖面比层流速度剖面平缓。

由上述流速分布特征可以推知，螺旋流场最大轴向流速向外壁偏移，有利于清除近井壁被顶替液和井壁虚泥饼。紊流流速剖面的特征是总体比较平缓,对形成平缓的顶替界面非常有利。

3.2.2　旋流衰减规律

1. 理论分析

根据流场分析,旋流角 θ_x、轴向流速 u_z、周向流速 u_θ 和主流速度 u_m 存在下面关系:

$$u_z = u_m \cos\theta_x \tag{3-2}$$

$$u_\theta = u_m \sin\theta_x \tag{3-3}$$

$$u_\theta / u_z = \tan\theta_x \tag{3-4}$$

$$\theta_x = \arctan^{-1}\left(\frac{u_\theta}{u_z}\right) \tag{3-5}$$

而径向速度 u_r 与轴向流速 u_z、周向流速 u_θ 相比很小,根据连续性方程:

$$\frac{\partial u_r}{\partial r} + \frac{\partial u_z}{\partial z} + \frac{u_r}{r} = 0 \tag{3-6}$$

式中,r 为径向坐标,z 为轴向坐标。轴向速度随轴向变化很小,周向速度不受连续性制约。分析可知,当 $0 < \theta_x < 90°$ 时,$\tan\theta_x$ 与 θ_x 相差均不超过 10%。由式(3-5)可知,当轴向速度沿程变化很小时,各点的 θ_x 的变化在一定程度上反映相应点的流场旋流的变化情况。因此,研究旋流衰减规律时,可通过研究旋流角的变化规律来研究螺旋流场的变化规律。

2. 实验结果

旋流角部分测试结果见图 3.2,可知旋流角最大值向环空外壁偏移,距旋流扶正器越远,其值越小,反映流体旋转动能逐渐衰减。为进一步了解旋流角随轴向衰减情况,现将径向旋流角进行算术平均,通过横截面平均旋流角 θ_{av} 的轴向分布反映旋流角的衰减规律,如图 3.3 所示。

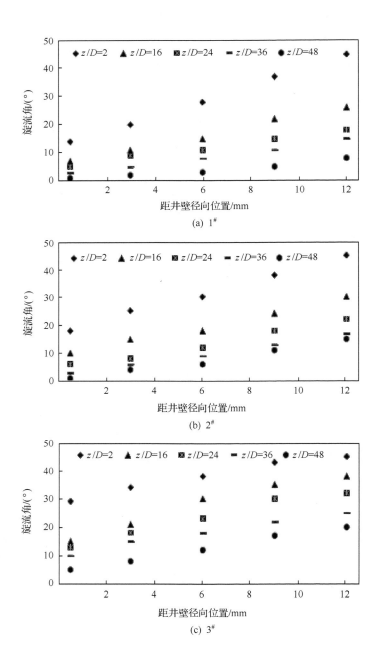

(a) 1#

(b) 2#

(c) 3#

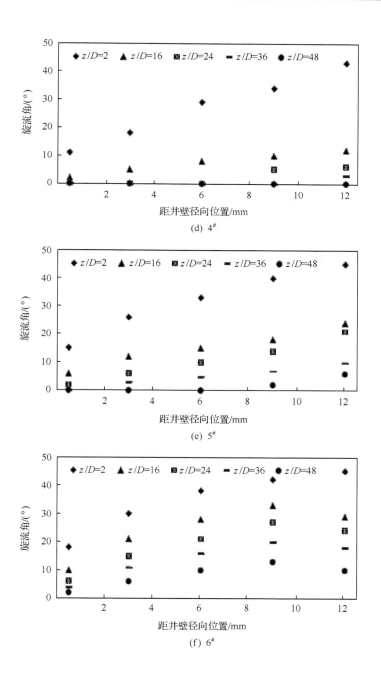

(d) 4#

(e) 5#

(f) 6#

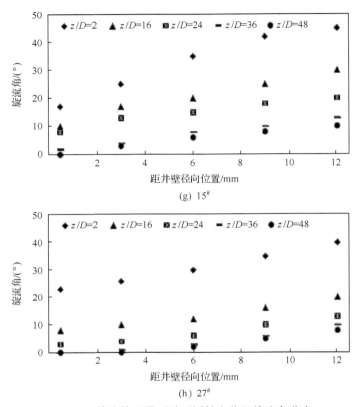

(g) 15#

(h) 27#

图 3.2　旋流扶正器下游不同轴向位置旋流角分布

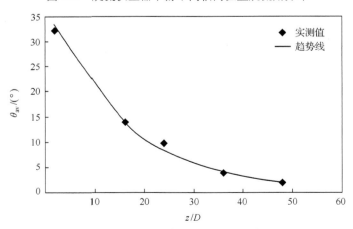

图 3.3　平均旋流角随轴向衰减

1# 旋流扶正器，$n=0.7705$，$K=0.0356\mathrm{Pa} \cdot \mathrm{s}^n$，排量为 $1.0\mathrm{L/s}$

　　由实验结果可知,旋流角沿轴向呈指数衰减。由此可构建旋流角 θ_{av} 的指数函数:

$$\theta_{av} = k_x e^{-\lambda_x z/D} \tag{3-7}$$

式中,z/D 为无因次轴向位置;λ_x 为阻力系数;k_x 为拟合系数。分析认为,当 $z/D=0$ 时,所计算的旋流角为旋流扶正器出口处旋流角初始值。因此,k_x 即初始值的大小,k_x 与旋流扶正器导叶有效高度系数、导流角有关:

$$k_x = f_1(\phi_h \theta) \tag{3-8}$$

设

$$k_x = c_x \phi_h \theta \tag{3-9}$$

式中,c_x 为修正系数,通过 33 组实验数据拟合,其值可近似为 0.91,即

$$k_x = 0.91 \phi_h \theta \tag{3-10}$$

另外,λ_x 与综合 Re' 数有关,即 $\lambda_x = f_2(Re')$。

　　对于幂律流体,其综合雷诺数为 Re_m,因此:

$$Re' = Re_m = \frac{\rho(D_o - D_i)^n \bar{u}^{2-n}}{12^{n-1} k \left(\dfrac{2n+1}{3n}\right)^n} \tag{3-11}$$

当 $n=1$ 时,即为牛顿流体 Re' 表达式。

　　对于宾汉流体,其综合雷诺数为 Re_b,则:

$$Re' = Re_b = \frac{\rho(D_o - D_i)\bar{u}}{\eta_p \left(1 + \dfrac{\tau_0(D_o - D_i)}{8\eta_p u}\right)} \tag{3-12}$$

式中,τ_0 为动切力,Pa;η_p 为塑性黏度,Pa·s。

　　通过实验,可得幂律流体的阻力系数 λ_{xm} 为

$$\lambda_{xm} = 1.17 Re_m^{-0.3915} \tag{3-13}$$

宾汉流体的阻力系数 λ_{xb} 为

$$\lambda_{xb} = -0.6 Re_b^{-0.32} \tag{3-14}$$

将式(3-10)和式(3-13)代入式(3-7),得

$$\theta_{av} = 0.91 \phi_h \theta e^{-1.17 Re'^{-0.3915} z/D} \tag{3-15}$$

综上所述可得出反映旋流角随轴向衰减的计算公式：

幂律流体：

$$\theta_{av} = 0.91\phi_h\theta\, e^{-1.17Re_m^{-0.3915}z/D} \tag{3-16}$$

宾汉流体：

$$\theta_{av} = 0.91\phi_h\theta\, e^{-0.6Re_b^{-0.32}z/D} \tag{3-17}$$

3. 影响旋流发展因素分析

研究平均旋流角轴向衰减时，笔者进行了旋流扶正器导流角、导叶有效高度系数、旋流扶正器长度，以及流体性能、排量对平均旋流角的影响实验研究。分析平均旋流角随轴向变化时采用 $\theta_{av}/45°$ 进行无因次化，轴向位置采用距离旋流扶正器长度 Z 与环空 $D(D=D_o-D_i)$ 相比进行无因次化。测点为等距设置，因此平均旋流角按算术平均进行计算。

1）旋流扶正器结构对旋流发展的影响

实验均使用渐开线旋流扶正器，旋流扶正器结构对旋流的影响包括导流角、导叶有效高度系数、旋流扶正器长度，实验结果见图 3.4～图 3.7。

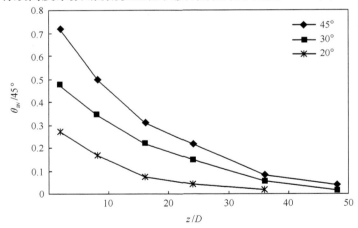

图 3.4　导流角对旋流的影响

$n=0.7705, K=0.0356 Pa \cdot s^n$，排量 $1.0L/s, Re'=1675.817$

由实验结果可得出以下几点结论。

（1）导流角越大，起旋能力越强。

（2）导叶有效高度对旋流角发展影响较大。有效高度系数越大，导流越

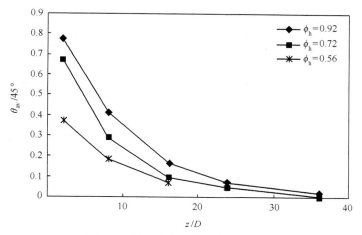

图 3.5　导叶高度对旋流发展的影响

$n=0.7705, K=0.0356\text{Pa} \cdot \text{s}^n$, 排量 $0.508\text{L/s}, Re'=728.780$

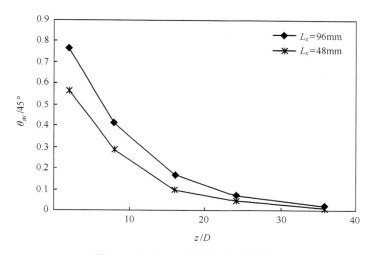

图 3.6　导叶长度对旋流发展的影响

$n=0.7705, K=0.0356\text{Pa} \cdot \text{s}^n$, 排量 $1.0\text{L/s}, Re'=1675.817$

充分。从图 3.5 可看出,降低有效高度系数将严重削弱旋流强度。因此,井下使用旋流扶正器时应尽可能根据井径和旋流扶正器的外径配合使用,提高有效高度系数。

（3）长度对旋流扶正器导流能力有一定影响。但随着排量的增大,两种长度扶正器的导流效果有逐渐接近的趋势。因此,旋流扶正器的长度设计应

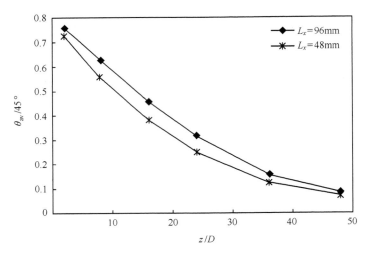

图 3.7　导叶长度对旋流发展的影响

$n=0.7705, K=0.0356\mathrm{Pa\cdot s}^n$,排量 1.0L/s,$Re'=2758.828$

根据具体施工条件,在排量允许的情况下可适当缩短旋流扶正器的长度,提高下放能力,降低局部阻力,获得同样的导流效果。

2）流体性能对旋流角的影响分析

流体性能对旋流角发展的影响可通过图 3.8 进行说明。

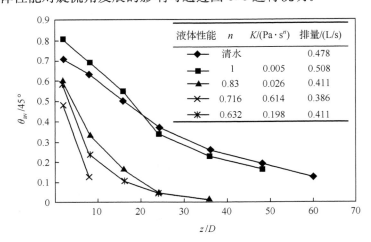

图 3.8　流体性能对旋流发展的影响

1# 旋流扶正器

从图 3.8 可明显看出,流变性越好,旋流衰减越慢。因此,改善流体流变性能可以增大旋流轴向波及范围。

　　3）排量对旋流角的影响分析

　　用清水的 5 种排量进行旋流角实验,结果如图 3.9 所示,实验结果表明,排量越大,旋流扶正器对流场的轴向干扰长度越长。因此,现场施工时,在地层承压能力和机泵能力许可的情况下可适当通过提高排量来提高旋流扶正器的导流效果。

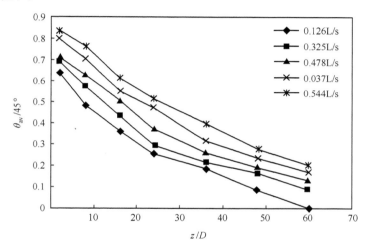

图 3.9　排量对旋流发展的影响
1# 旋流扶正器

　　综上所述,影响旋流角变化的主要因素是旋流扶正器的导流角、导叶有效高度系数、流体性能、排量。

3.2.3　周向速度

　　在螺旋流场研究中,更受关注的是其周向流速分布规律的研究。周向速度的大小与旋流强度和周向壁面剪切力有着直接的关系,周向速度越大,意味着旋流强度越大,周向壁面剪切力越大,旋流对环空外壁泥浆和虚泥饼的驱替效果越好。

　　本节在上述实验条件的基础上进行周向速度的研究。周向速度是在测得轴向速度值与相应点旋流角值后利用式(2-10)计算得出。周向速度实验数据处理时,与轴向速度一样进行无因次化处理,但为了反映周向速度沿程的变化,无因次化时将各测点周向流速与所测得的出口初始最大周向速度进行相除,从而获得无因次周向速度。实验结果见图 3.10～图 3.13,可得到如下结论。

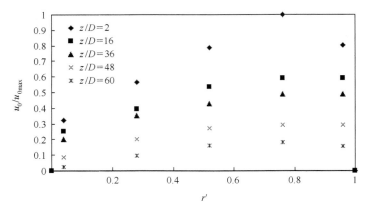

图 3.10　无因次周向速度分布图

1# 旋流扶正器,清水,流量为 0.478L/s,Re' 为 8118.896

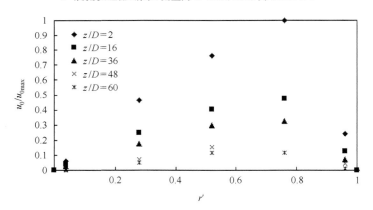

图 3.11　无因次周向速度分布图

1# 旋流扶正器,牛顿液黏度为 0.005Pa·s,流量为 0.508L/s,Re' 为 1722.293

(1)周向流速的径向分布由此轴向流速表现出更明显的不对称性,沿程最大值向外壁偏移,这主要是流体质点受离心力的影响造成的。

(2)周向速度沿程发生衰减,且衰减速率呈先快后缓的趋势。

(3)流体性能不同,周向速度向外壁偏移的幅度和衰减速率不同,流变性越好,周向速度最大值向外壁偏移的幅度有增大的趋势,轴向衰减越慢。

周向速度最大值大幅度向外壁偏移有利于顶替液将环空窄边及因锯齿状

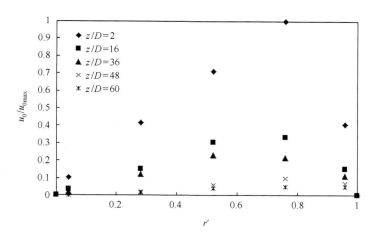

图 3.12　无因次周向速度分布图

$1^{\#}$ 旋流扶正器,非牛顿液 n 为 0.7705,K 为 0.0356Pa · s^n,流量为 1.0L/s,Re' 为 1675.817

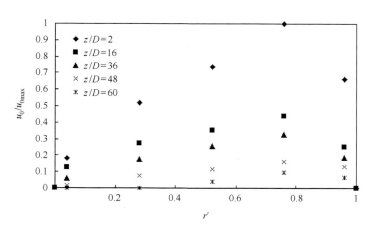

图 3.13　无因次周向速度分布图

$6^{\#}$ 旋流扶正器,非牛顿液 n 为 0.7705,K 为 0.0356Pa · s^n,流量为 1.5L/s,Re' 为 2758.828

不规则井壁滞留的泥浆驱替干净,这对改善水泥在第二界面的胶结环境、提高第二界面的胶结质量有重要意义。

　　根据流场分析,可得出平均周向速度 $\bar{u}_\theta$ 的计算公式:

$$\bar{u}_\theta = \bar{u}_z \tan\bar{\theta}_x = \bar{u} \tan\bar{\theta}_x \tag{3-18}$$

式中,$\bar{u}_z$ 为轴向平均流速;$\bar{u}$ 为环空平均流速;$\bar{\theta}_x$ 为平均旋流角。

对于幂律流体,将平均旋流角计算式(3-16)代入式(3-17)得

$$\bar{u}_\theta = \bar{u} \tan(0.91\phi_h\theta e^{-1.17Re_m'^{-0.3915}z'}) \tag{3-19}$$

式中,$z' = z/D$。

对于宾汉流体,将平均旋流角计算式(3-17)代入式(3-18)得

$$\bar{u}_\theta = \bar{u} \tan(0.91\phi_h\theta e^{-0.6Re_b'^{-0.32}z'}) \tag{3-20}$$

将本节的实验数据和用超声波测速仪所测得的数据进行比较[82],具体实验条件为:环空外径 D_o 为 0.22m,内径 D_i 为 0.14m,环空内、外径比为 0.636,D 为 0.08m。旋流扶正器型号:导流角为 45° 和 50°;导叶高度系数为 0.9125。

工作介质性能和实验条件设计见表 3.3 和表 3.4,实测与预测结果见表 3.5。

表 3.3 实验液体性能

液体类型	n	$K/(Pa \cdot s^n)$	$\rho/(g/cm^3)$
1	1	0.001	1
2	0.5	0.12	1.040

表 3.4 各次实验条件设计

实验序号	流体类型	$\theta/(°)$	平均流速/(m/s)	Re'
1	1	40	0.37	29600
2	1	40	0.33	26400
3	2	50	0.37	1655.087
4	2	50	0.33	1394.085
5	2	45	0.37	1655.087
6	2	45	0.33	1394.085

表 3.5 实测与预测比较

实验序号	z/D								
	0			26.87			55.625		
	实测	预测	绝对误差	实测	预测	绝对误差	实测	预测	绝对误差
1	0.24	0.24	0	0.15	0.13	0.02	0.08	0.07	0.01
2	0.21	0.22	−0.01	0.10	0.11	−0.01	0.06	0.06	0
3	0.28	0.24	0.04	0.04	0.04	0			
4	0.25	0.22	0.03	0.02	0.03	−0.01			
5	0.26	0.24	0.02	0.04	0.04	0			
6	0.23	0.22	0.01	0.03	0.03	0			

由此可见,用本次研究得出的平均周向速度公式计算的结果与超声波测试的结果能较好地吻合。

3.2.4　螺旋流场阻力损失研究

1. 环空螺旋流场阻力分析

螺旋流场与轴向流场压降分布不同,在实行螺旋流顶替平衡压力注水泥施工设计时需针对螺旋流场的实际情况区别对待。研究对象为现场常用的幂律流体与宾汉流体。

1) 幂律流体

环空轴向流的阻力损失经典公式为达西公式:

$$h_{fz} = \lambda' \frac{L_z}{D} \frac{\bar{u}^2}{2g} \tag{3-21}$$

式中,h_{fz} 为环空轴向流阻力损失;λ' 环空轴向流阻力系数;L_z 为流体流经的长度。

因轴向平均流速与主流平均流速的关系满足:

$$\bar{u}_z = \bar{u}_{\mathrm{m}} \cos\theta_{\mathrm{av}} \tag{3-22}$$

则

$$\bar{u}_{\mathrm{m}} = \bar{u}_z \sec\theta_{\mathrm{av}} = \bar{u} \sec\theta_{\mathrm{av}} \tag{3-23}$$

式中,$\bar{u}_{\mathrm{m}}$ 为主流平均流速。

因流体以螺旋形式流动,其实际流程不再是 L_z,而是流体质点螺旋运动的螺旋轨迹 l_s,显然螺旋轨迹与沿程旋流角变化有关。为研究方便,取一微元段进行分析。由图 3.14 可得

$$\mathrm{d}l_s = \sec\theta_{\mathrm{av}} \mathrm{d}z \tag{3-24}$$

进一步得

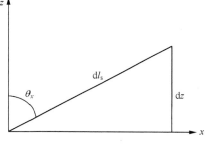

图 3.14　流体运动分析图

$$\mathrm{d}h_{fx} = \lambda_{x\mathrm{m}} \frac{\mathrm{d}l_s}{D} \frac{\bar{u}^2 \sec^2\theta_{\mathrm{av}}}{2g} = \lambda_{x\mathrm{m}} \sec^3\theta_{\mathrm{av}} \frac{\mathrm{d}z}{D} \frac{\bar{u}^2}{2g} \tag{3-25}$$

式中,h_{fx} 为螺旋流场阻力损失。

式(3-25)即为微元段阻力损失。将平均旋流角表达式(3-16)代入式(3-25)得

$$dh_{fx} = \lambda_{xm} \sec^3 (0.91\phi_h \theta e^{-1.17Re'^{-0.3915}z'}) \frac{\overline{u}^2}{2g} dz' \tag{3-26}$$

式中，$z' = z/D$。

要求出沿程总的阻力损失，只需对式(3-26)进行积分：

$$h_{fx} = \int_0^{z_1'} \lambda_x \sec^3 (0.91\phi_h \theta e^{-1.17Re'^{-0.3915}z'}) \frac{\overline{u}^2}{2g} dz' \tag{3-27}$$

此积分式可通过数值求解，进一步得总压降值 ΔP_x：

$$\Delta P_x = \rho g h_{fx} \tag{3-28}$$

算例： 已知水力直径为 $0.025\mathrm{m}$，液体为清水，排量为 $1\mathrm{L/s}$，旋流扶正器导叶有效高度系数为 0.92，导流角为 $45°$，计算压降梯度 $P' = \Delta P_x/(10D)$ 的值。计算结果见图 3.15。

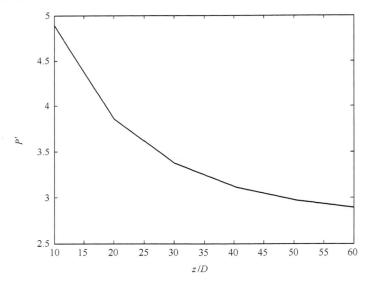

图 3.15　环空螺旋流阻力梯度沿程变化

由此可见，环空螺旋流压力为非线性降低，初始压力降低速率很快。随着距旋流扶正器的距离越来越远，压力降低速率逐渐降低。

对螺旋流场阻力损失与轴向流场阻力损失进行比较，结果见表 3.6，可知

螺旋流场阻力损失比轴向流场阻力损失大,因此,施工设计时不可将其忽略,尤其对易漏失层段平衡压力注水泥施工设计更需重视。

表 3.6　螺旋流场与轴向流场阻力损失

液体类型		排量/	Re'	轴向流场	螺旋流场	增加值/%
n	$K/(Pa \cdot s^n)$	(L/s)		h_{fz}/cm	h_{fx}/cm	
清水		0.478	8118.896	1.04	1.23	18.27
清水		1.037	17613.59	4.03	5.02	24.56
1	0.005	0.508	1722.293	1.96	2.17	10.71
0.7705	0.035	0.508	728.780	4.57	4.95	8.32
0.7705	0.035	1.0	1675.817	7.70	8.54	10.91
0.7705	0.035	1.5	2758.828	13.36	15.08	12.87

2）宾汉流体

同样,对宾汉流体进行阻力损失的研究,可得

$$
\begin{aligned}
\mathrm{d}h_{fx} &= \lambda_{xb} \frac{\mathrm{d}l_s}{D} \frac{\overline{u}^2 \sec^2 \overline{\theta}_{xb}}{2g} \\
&= \lambda_{xb} \sec^3 \overline{\theta}_{xb} \frac{\mathrm{d}z}{D} \frac{\overline{u}^2}{2g}
\end{aligned}
\tag{3-29}
$$

因为

$$
\overline{\theta}_{xb} = 0.91 \phi_h \theta \, \mathrm{e}^{-0.6 Re_b^{-0.32} Z/D}
$$

所以

$$
h_{fx} = \int_0^{z'} \lambda_{xb} \sec^3 (0.91 \phi_h \theta \, \mathrm{e}^{-0.6 Re_b^{-0.32} Z'}) \frac{\overline{u}^2}{2g} \mathrm{d}z'
\tag{3-30}
$$

该积分同样需要利用数值方法,此处计算从略。

根据阻力计算公式,只要确定了井下旋流扶正器安放间距,便可对旋流扶正器干扰段的整个环空流场压降进行计算,这对现场安全施工设计具有重要意义。

2. 旋流扶正器段局部阻力损失

因旋流扶正器流道内的流体流动非常复杂,上述各种阻力均存在,逐一对其研究非常困难。经分析,流体流经旋流扶正器属绕流运动,绕流运动形成的阻力即为绕流阻力,也称物型阻力。因此,本节借鉴绕流阻力分析法对其加以

研究。

　　绕流阻力也称正面阻力[130,131]，包括压强阻力和表面摩擦阻力。对于单流道（两导叶间），流体流经旋流扶正器时，导叶迎流面一侧流速急剧降低，压强增大，而流道中心区及导叶背流区压强相对较低，此压差的轴向分量称为压强阻力。

　　1）压强阻力

　　导叶迎流面 S_1 是迎接来流的导叶侧面；导叶背流面 S_2 是背着来流的导叶侧面；导叶中轴面 S' 是导叶横截面轴对称面。

　　对于呈一定角度（本节所研究的范围为 $20°\sim45°$）安放的导叶，如图 3.16 所示，P_s 是作用于导叶迎流面微元 ds 上的流体压强，作用方向为垂直于该面，作用于导叶迎流面上的力为 $P_s ds$。可将该力分解为平行于相对运动方向和垂直于相对运动方向的两个分量，前者为逆流向的阻力，后者为使流体产生周向运动的旋转动力，此力为形成旋流的基本动力。

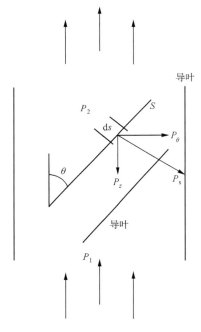

图 3.16　压强阻力形成示意图

　　造成压强阻力的平行分量是 $\sin\theta P_s ds$，将该分量沿导叶的迎流面积分得压强阻力，表达式如下：

$$F_z = \int_{S_z} P_z \mathrm{d}S_z = \int_{S'} \sin\theta\, p_s \mathrm{d}s' \tag{3-31}$$

式中，S_z 为导叶迎流面轴向投影面积，s' 为中轴面。

由式(3-31)可知，要计算压强阻力值，首先要知道绕流的压强分布，但要确定其分布是极其麻烦的，此处使用量纲分析法[125]确定压强阻力的通式：先确定牛顿流体的阻力通式，再在此基础上确定非牛顿的阻力通式。

由实验及本节具体情况分析，不可压缩流体中压强阻力 F_z 与流体的密度 ρ、流道轴向平均流速 $\bar{u}'_z$，黏度 μ 及导叶的轴向投影面积 S_z 有关，即

$$F_z = f(\rho, \bar{u}'_z, \mu, S_z) \tag{3-32}$$

式中，共有 5 量，基本量为 3，可组合成两个无量纲数。在物理量较少的情况下，上述函数关系可以直接用量纲关系表示为

$$F_z = k\rho^{k_1}\, \bar{u}'^{k_2}_z \mu^{k_3} S_z^{k_4} \tag{3-33}$$

式中，k 为系数。把式中各物理量的量纲以基本量纲[M]、[L]和[T]表示，则

$$[\mathrm{MLT}^{-2}] = [\mathrm{ML}^{-3}]^{k_1}[\mathrm{LT}^{-1}]^{k_2}[\mathrm{ML}^{-1}\mathrm{T}^{-1}]^{k_3}[\mathrm{L}^2]^{k_4} \tag{3-34}$$

比较两端的量纲可得

$$\begin{cases} M: 1 = k_1 + k_3 \\ L: 1 = -3k_1 + k_2 - k_3 + 2k_4 \\ T: -2 = -k_2 - k_3 \end{cases} \tag{3-35}$$

在式(3-34)中有 4 个未知量，方程数为 3，为此只能相对某个量解出。取自变量为 k_3，得

$$k_1 = 1 - k_3, \quad k_2 = 2 - k_3, \quad k_4 = 1 - k_3/2$$

所以：

$$\begin{aligned} F_z &= k\rho^{1-k_3}\, \bar{u}'^{2-k_3}_z \mu^{k_3} S_z^{1-k_3/2} \\ &= k\rho\bar{u}'^2 S_z \left(\frac{\mu}{\rho\bar{u}'_z \sqrt{S_z}}\right)^{k_3} \\ &= k\rho\bar{u}'^2_z S_z \left(\frac{1}{Re}\right)^{k_4} \\ &= C_z \frac{\rho\bar{u}'^2_z S_z}{2} \end{aligned} \tag{3-36}$$

式中，C_z 为形状阻力系数，$C_z = f(Re)$。此处：

$$Re = \frac{\rho \bar{u}'_z \sqrt{S_z}}{\mu} \tag{3-37}$$

$$S_z = hL\sin\theta \tag{3-38}$$

式中，h 为导叶高度；L 为导叶长度；θ 为导流角。

对于非牛顿幂律流体，将牛顿流体黏度换为幂律流体有效黏度：

$$Re = \frac{\rho \bar{u}' \sqrt{S_z}}{K'\left(\dfrac{1+3n'}{4n'}\right)^{n'}\left(\dfrac{8\,\bar{u}'}{D_n}\right)^{n'-1}} \tag{3-39}$$

式中，n'、K' 分别为流性指数和稠度系数。对于宾汉流体的 Re 可由宾汉流体的相应计算公式得出。

2）黏性摩擦阻力

同样，用迎流面 S_1、背流面 S_2 和旋流扶正器槽底面 S_c 上的切应力表示作用于旋流扶正器上的摩擦力。将上述三种面积统计为 S_{dc}，则该力作用于微元 $\mathrm{d}S_{dc}$ 上并求得切力为 $\tau_{dc}\mathrm{d}S_{dc}$，其轴向分量是 $\cos\theta\tau_{dc}\mathrm{d}S_{dc}$，周向分量是 $\sin\theta\tau_{dc}\mathrm{d}S_{dc}$，分别阻碍轴向水流和周向旋流。再将上述各分量沿 S_1、S_2 和 S_c 面积积分得表面摩擦阻力轴向分量 F_{dcz} 和周向分量 F_{dcc}：

$$F_{dcz} = \int_{S_{dc}} \cos\theta\tau_{dc}\mathrm{d}S_{dc} = \int_{S_{dc}} \tau_{dcz}\mathrm{d}S_{dc} \tag{3-40}$$

$$F_{dcc} = \int_{S_{dc}} \sin\theta\tau_{dc}\mathrm{d}S_{dc} = \int_{S_{dc}} \tau_{dcc}\mathrm{d}S_{dc} \tag{3-41}$$

$$S_{dc} = S_1 + S_2 + S_c \tag{3-42}$$

整个局部段还存在井壁摩擦阻力 F_w，同样可将其分解为轴向分量 F_{wz} 和周向分量 F_{wc}。设旋流扶正器段井壁面积为 S_w，则有

$$F_{wz} = \int_{S_w} \cos\theta\tau_w\mathrm{d}S_w = \int_{S_w} \tau_{wz}\mathrm{d}S_w \tag{3-43}$$

$$F_{wc} = \int_{S_w} \sin\theta\tau_w\mathrm{d}S_w = \int_{S_w} \tau_{wc}\mathrm{d}S_w \tag{3-44}$$

同样，要计算上述摩擦阻力，必须先确定各表面上的切应力分布。下面将

——进行分析。

（1）旋流扶正器表面切应力及其黏性摩擦阻力。

对旋流扶正器表面切应力研究之前，先阐述几个相关参数。

旋流扶正器上下游环空流道面积：

$$A = \pi(r_o^2 - r_i^2) \tag{3-45}$$

导叶顶部环空流道面积 A_{dd}：

$$A_{dd} = \pi[r_o^2 - (r_i + h)^2] \tag{3-46}$$

旋流扶正器流道面积 A_d：

$$A_d = A - \frac{a+b}{2}hm - A_{dd} \tag{3-47}$$

式中，m 为导叶数，本节导叶数均为 4；a、b 分别为导叶横截面上底宽和下底宽。

旋流扶正器段流道平均返速：

$$\bar{u}' = Q/(A_{dd} + A_d) \tag{3-48}$$

旋流扶正器上下游环空流道平均返速：

$$\bar{u} = Q/A \tag{3-49}$$

旋流扶正器表面切应力轴向与周向分量的求法如下。

轴向分量：

$$\tau_{dcz} = \frac{\lambda_{dc}}{8}\rho\,\bar{u}'^2\cos\theta \tag{3-50}$$

周向分量：

$$\tau_{dcc} = \frac{\lambda_{dc}}{8}\rho\,\bar{u}'^2\sin\theta \tag{3-51}$$

式中，λ_{dc} 为旋流扶正器表面流动阻力系数。

黏性摩擦阻力的求法如下。

S_{dc} 由导叶横截面斜边用梯形公式近似求出：

$$S_1 = S_2 = L\sqrt{\left(\frac{a-b}{2}\right)^2 + h^2} \tag{3-52}$$

$$S_c = \frac{2\pi r_i L_x - mbL}{m} \qquad (3\text{-}53)$$

式中,L 为导叶长度,其求解方式如下:

$$L = \frac{L_x}{\chi}\sqrt{\chi^2 + \pi d^2} \qquad (3\text{-}54)$$

式中,χ 为导叶导程;d 为导叶中径(导叶外径与内径的平均长度),二者求解方式分别如下:

$$d = [d_i + (d_i + 2h)]/2 \qquad (3\text{-}55)$$

$$\chi = \pi d \operatorname{ctg}\theta \qquad (3\text{-}56)$$

因此:

$$S_{dc} = 2L\sqrt{\left(\frac{a-b}{2}\right)^2 + h^2} + \frac{2\pi r_i L_x - mbL}{m} \qquad (3\text{-}57)$$

将式(3-50)、式(3-57)代入式(3-40),得黏性摩擦阻力轴向分量为

$$F_{dcz} = \frac{\lambda_{dc}}{8}\rho\,\bar{u}'^2\cos\theta\left[2L\sqrt{\left(\frac{a-b}{2}\right)^2 + h^2} + \frac{2\pi r_i L_x - mbL}{m}\right] \quad (3\text{-}58)$$

将式(3-49)、式(3-50)代入式(3-40),同样可求出周向分量为

$$F_{dcc} = \frac{\lambda_{dc}}{8}\rho\,\bar{u}'^2\sin\theta\left[2L\sqrt{\left(\frac{a-b}{2}\right)^2 + h^2} + \frac{2\pi r_i L_x - mbL}{m}\right] \quad (3\text{-}59)$$

(2) 井壁切应力及其黏性摩擦阻力。

对井壁切应力进行研究之前,必须先了解旋流扶正器作用的流场对近井壁流场的干扰情况。先进行旋流扶正器段 $L_x/2$ 处流体旋流角 θ_x 的径向分布实验,结果如图 3.17 和图 3.18 所示。

从实验结果可得出,旋流扶正器段的旋流强度在靠近井壁附近很小,这可能与旋流扶正器叶型有关。实验用旋流扶正器导叶形状为渐开线形,流道由槽底到井壁方向呈渐缩形,在近槽位置流体被导流更充分。因此,旋流扶正器井壁切应力周向分量比轴向分量小得多,相应的周向运动摩擦阻力远远小于轴向流动阻力。因此,只需考虑轴向切应力。

根据上面分析,井壁切应力轴向分量 τ_{wz}:

$$\tau_{wz} = \frac{\lambda_{wz}}{8}\rho\,\bar{u}_z'^2 \qquad (3\text{-}60)$$

式中,λ_{wz} 为井壁轴向黏性摩擦分数;$\bar{u}_z'$ 为流道轴向平均流速。

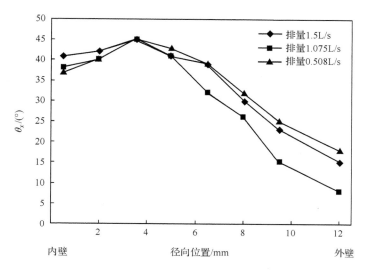

图 3.17　旋流扶正器段旋流角径向分布

实验条件中液体性能:黏度为 0.005Pa·s,流性指数为 1,旋流扶正器有效高度系数为 0.92

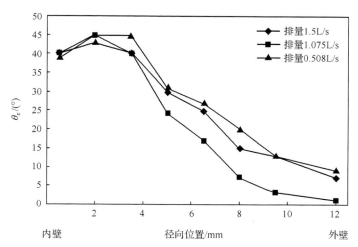

图 3.18　旋流扶正器段旋流角径向分布

实验条件中液体性能:黏度为 0.005Pa·s,流性指数为 1,旋流扶正器有效高度系数为 0.72

$$S_w = (2\pi r_o L_x - 4aL)/4 = (\pi r_o L_x - 2aL)/2 \qquad (3\text{-}61)$$

将式(3-60)、式(3-61)代入式(3-43),可求出井壁黏性摩擦阻力为

$$F_{wz} = \frac{\lambda_{wz}}{8} \rho \, \bar{u}_z'^2 (\pi r_o L_x - 2aL)/2 \tag{3-62}$$

（3）阻力系数研究。

对于有效高度系数大于 0.72 的旋流扶正器导流，因其导叶顶部间隙小，流体通过量小，所以忽略导叶顶部环空窄间隙过流的影响，将旋流扶正器段流道近似为并列四流道。

根据并列流道流动阻力理论，各分支流道阻力损失相等[133,134]，将其分别设为 $h_{f1}, h_{f2}, h_{f3}, h_{f4}$，即

$$h_{f1} = h_{f2} = h_{f3} = h_{f4} \tag{3-63}$$

设

$$h_f = h_{f1} = h_{f2} = h_{f3} = h_{f4} \tag{3-64}$$

因为：

$$Q = Q_1 + Q_2 + Q_3 + Q_4 \tag{3-65}$$

各流道流量相等，设为 Q'，可得

$$Q = 4Q' \tag{3-66}$$

根据能量守恒的原理，旋流扶正器段阻力做功的功率应等于旋流扶正器段流体功率的损失值，因此，有下式成立：

$$\gamma Q h_f = \gamma (4Q') h_f = 4(F_z \, \bar{u}_z' + F_{dcz} \, \bar{u}_z' + F_{dcc} \, \bar{u}_\theta' + F_{wz} \, \bar{u}_z') \tag{3-67}$$

式中，r 为流体的容重；F_z 为压强阻力。

将式（3-26）、式（3-41）、式（3-42）和式（3-45）代入式（3-67），可得

$$\begin{aligned}
\gamma Q h_f = 4 \Bigg\{ & C_z \frac{\rho \, \bar{u}_z'^2 hL \sin\theta}{2} \, \bar{u}_z' + \frac{\lambda_{dc}}{8} \rho \, \bar{u}'^2 \cos\theta \Bigg[2L \sqrt{\left(\frac{a-b}{2}\right)^2 + h^2} \\
& + \frac{2\pi r_i L_x - mbL}{m} \Bigg] \bar{u}_z' + \frac{\lambda_{dc}}{8} \rho \, \bar{u}'^2 \sin\theta \Bigg[2L \sqrt{\left(\frac{a-b}{2}\right)^2 + h^2} \\
& + \frac{2\pi r_i L_x - mbL}{m} \Bigg] \bar{u}_\theta' + \left[\left(\frac{\lambda_{wz}}{8} \rho \, \bar{u}_z'^2\right) (\pi r_o L_x - 2aL)/2 \right] \bar{u}_z' \Bigg\}
\end{aligned} \tag{3-68}$$

式中，$\bar{u}_z'$ 为流道轴向平均流速，$\bar{u}_z' = \bar{u}' \cos \bar{\theta}_x'$；$\bar{u}_\theta'$ 为流道周向平均流速，$\bar{u}_\theta' = \bar{u}' \sin \bar{\theta}_x'$；$\bar{\theta}_x'$ 为流道平均旋流角；h_f 为流体通过旋流扶正器时压力损失水头，

可由实验获得。

将各参量代入式(3-68)并整理,得

$$\gamma Q h_f = 2C_z \rho \, \bar{u}'_z h L \sin\theta + \frac{\lambda_{dc}}{2}\rho \left(\frac{\bar{u}'_z}{\cos \bar{\theta}'_x}\right)^3 \cos(\theta - \bar{\theta}'_x)\left[2L\sqrt{\left(\frac{a-b}{2}\right)^2 + h^2}\right.$$

$$\left. + \pi r_i L_x - 2bL\right] + \lambda_{wz}\rho \, \bar{u}'^3_z \frac{\pi r_o L_x - 2aL}{4}$$

$$(3\text{-}69)$$

$$h_f = 2C_z \, \bar{u}'^3_z h L \sin\theta / [\pi g \bar{u}(r_o^2 - r_i^2)] + \frac{\lambda_{dc}}{2}\left(\frac{\bar{u}'_z}{\cos \bar{\theta}'_x}\right)^3 \cos(\theta - \bar{\theta}'_x)$$

$$\times \left[2L\sqrt{\left(\frac{a-b}{2}\right)^2 + h^2} + \pi r_i L_x - 2bL\right]/[\pi g \bar{u}(r_o^2 - r_i^2)] + \lambda_{wz} \, \bar{u}'^3_z$$

$$\times \frac{\pi r_o L_x - 2aL}{4\pi g \bar{u}(r_o^2 - r_i^2)}$$

$$= \frac{\bar{u}'^2_z}{2g}\frac{L}{D_o - D_i}\left\{8C_z \, \bar{u}'_z h \sin\theta / [\pi \bar{u}(r_o + r_i)]\right.$$

$$+ \lambda_{dc}\frac{\cos(\theta - \bar{\theta}'_x)\, \bar{u}'_z}{(\cos \bar{\theta}'_x)^3 [\pi \bar{u}(r_o + r_i)]}\left[4\sqrt{\left(\frac{a-b}{2}\right)^2 + h^2} + \frac{2\pi r_i L_x - 4bL}{L}\right]$$

$$\left. + \lambda_{wz}\frac{\bar{u}'_z(\pi r_o L_x - 2aL)}{\pi(r_o + r_i)\bar{u}L}\right\}$$

$$(3\text{-}70)$$

设旋流扶正器产生的总的阻力系数 λ 为

$$\lambda = 8C_z \, \bar{u}'_z h \sin\theta / [\pi \bar{u}(r_o + r_i)] + \lambda_{dc}\frac{\cos(\theta - \bar{\theta}'_x)\, \bar{u}'_z}{(\cos \bar{\theta}'_x)^3 [\pi \bar{u}(r_o + r_i)]}$$

$$\times \left[4\sqrt{\left(\frac{a-b}{2}\right)^2 + h^2} + \frac{2\pi r_i L_x - 4bL}{L}\right] + \lambda_{wz}\frac{\bar{u}'_z(\pi r_o L_x - 2aL)}{\pi(r_o + r_i)\bar{u}L}$$

$$(3\text{-}71)$$

则总的能量损失可写成下面形式:

$$h_f = \lambda \frac{L}{D_o - D_i}\frac{\bar{u}'^2_z}{2g}\qquad\qquad (3\text{-}72)$$

由此可知,λ 即为旋流扶正器的阻力系数,旋流扶正器的阻力损失计算公式也为达西公式形式,只是阻力系数 λ 不同于轴向流动的达西公式,它是以达西公式阻力系数为基础,并包含了旋流扶正器结构参数的影响。

进一步化简式(3-71),因为 $2\pi r_i L_x \gg 4bL$,$\pi r_o L_x \gg 2aL$,因此可将 $4bL$ 和 $2aL$ 项忽略不计。又由上述实验结果可知

$$\overline{\theta}'_x = \alpha_x \theta \tag{3-73}$$

根据实验,系数 α_x 可近似取为 0.5。

假设旋流扶正器流道壁面阻力系数 λ_z 满足:

$$\lambda_{dc} = \lambda_{wz} = \lambda_z \tag{3-74}$$

考虑

$$\overline{u}'/\overline{u} = \frac{Q/(A_{dd} + A_d)}{Q/A} = \frac{A}{A_{dd} + A_d} \tag{3-75}$$

则

$$\lambda = \frac{A}{A_{dd} + A_d} \frac{1}{\pi(r_o + r_i)} \left[8C_z h \sin\theta + \lambda_z \left\{ \left[4\sqrt{\left(\frac{a-b}{2}\right)^2 + h^2} + \frac{2\pi r_i L_x}{L} \right] \middle/ \right.\right.$$
$$\left.\left. \cos^2\left(\frac{\theta}{2}\right) + \pi r_o L_x/L \right\} \right] \tag{3-76}$$

由式(3-76)可看出,除了环空结构对流动阻力影响外,更主要的是旋流扶正器结构增加了流体流动阻力,具体体现在以下几个方面。

(1) 导流角 θ 对压强阻力和表面摩擦阻力均有影响,导流角 θ 的增加将大大增加压强阻力和表面摩擦阻力。

(2) 导叶高度增加时,导叶的轴向投影面积和自身表面面积也会随之增大,而增加压强阻力和摩擦阻力。

(3) 导叶横截面的大小也将对各种阻力产生一定的影响,横截面面积越大,结构阻力也越大。

(4) 形状阻力系数越大,阻力越大。

另外,旋流扶正器导叶的长度对阻力的影响体现在水头损失表达式上,导叶越长,带来的阻力也将越大。

下面对两种特殊情况进行分析。

(1) $\theta = 0$ 时,此时扶正器叶片为直条状,流体转为轴向流,阻力系数公式

括号中第一项为 0，即压强阻力为 0，这与理论分析一致。此时只存在表面摩擦阻力，其阻力系数表达式变成

$$\lambda = \frac{A}{A_{dd} + A_d} \frac{1}{\pi(r_o + r_i)} \lambda_z \left[4\sqrt{\left(\frac{a-b}{2}\right)^2 + h^2} + \pi(2r_i + r_o) \right] \quad (3\text{-}77)$$

式(3-77)可用于计算直条式叶片扶正器阻力值。

（2）$h=0$ 时，即无旋流扶正器，流体属于轴向流，即

$$\frac{A}{A_{dd} + A_d} = 1, \quad a = b = 0 \quad (3\text{-}78)$$

此时可推出 $\lambda = \lambda_z$。

3. 阻力系数确定

显然，要求出 λ，必先确定壁面阻力系数 λ_z 和形状阻力系数 C_z。λ_z 可根据管壁摩擦阻力系数的求法求出，具体如下。

牛顿流体可分为层流、紊流两种情况。

层流时：

$$\lambda_z = 96/Re_n \quad (3\text{-}79)$$

紊流时：

$$\lambda_z = 0.3164/\sqrt[4]{Re_n} \quad (3\text{-}80)$$

其中，

$$Re_n = \frac{\rho D_n \bar{u}'}{\mu} \quad (3\text{-}81)$$

式中，D_n 为旋流扶正器单流道水力直径。忽略旋流扶正器顶部过流影响，则 D_n 的求法为

$$D_n = \frac{A'}{U} = \frac{\left(A - 4\frac{a+b}{2}h\right)}{4U} \quad (3\text{-}82)$$

式中，A' 为单流道横截面过流面积；U 为旋流扶正器单流道湿周周长；其求解方法为

$$U = 2\sqrt{\left(\frac{b-a}{2}\right)^2 + h^2} + \frac{\pi(r_o + r_i) - 2(a+b)}{2} \quad (3\text{-}83)$$

$$D_n = \left[\pi(r_o^2 - r_i^2) - 2(a+b)h\right]\Big/\left[2\pi(r_o + r_i) - 4(a+b)\right. \tag{3-84}$$

$$\left. + 8\sqrt{\left(\frac{b-a}{2}\right)^2 + h^2}\,\right]$$

幂律流体[132]也可分为层流、紊流两种情况。

层流时：

$$\lambda_z = 96/Re_{ml} \tag{3-85}$$

紊流时：

$$\lambda_z = c/Re_{ml}^d \tag{3-86}$$

c、d 按下述经验式计算：

$$c = 0.3164n^{0.105} \tag{3-87}$$

$$d = 0.25n^{-0.217} \tag{3-88}$$

$$Re_{ml} = \frac{\rho D_n^{n'} \bar{u}'^{2-n'}}{8^{n'-1}K'\left(\frac{1+3n'}{4n'}\right)^{n'}} \tag{3-89}$$

式中，n' 为流性指数；K' 为稠度系数，$Pa \cdot s^n$。

对于宾汉流体，使用相应的 Re 进行计算即可。

形状阻力系数 C_z 的确定方法如下。

根据孙西欢等[49]的研究结论，旋流扶正器阻力损失可通过测旋流扶正器进、出口管壁压力计算得出，即

$$h_f = \frac{p_{c1} - p_{c2}}{\gamma} \tag{3-90}$$

式中，p_{c1}、p_{c2} 分别为旋流扶正器进、出口的管壁压力。

结合前面研究结果，可得

$$\lambda = h_f\Big/\left(\frac{L}{D_o - D_i}\frac{\bar{u}_z'^2}{2g}\right) \tag{3-91}$$

设

$$\varepsilon = 8\frac{A}{A_{dd} + A_d}\frac{h\sin\theta}{\pi(r_o + r_i)} \tag{3-92}$$

$$\delta = \lambda_z \frac{A}{A_{dd} + A_d}\frac{1}{\pi(r_o + r_i)}\left\{\left[4\sqrt{\left(\frac{a-b}{2}\right)^2 + h^2} + \frac{2\pi r_i L_x}{L}\right]\Big/\cos^2\left(\frac{\theta}{2}\right)\right.$$

$$+ 2\pi r_o L_x / L \Big\} \tag{3-93}$$

则

$$\lambda = \varepsilon C_z + \delta \tag{3-94}$$

　　分析可知,结构已确定的旋流扶正器的 ε 和 δ 是常数。同种叶型的形状阻力系数 C_z 是 Re 的函数,即 $C_z = f_1(Re)$;λ 也是 Re 的函数,$\lambda = f_2(Re)$。因此,可通过实验先建立 λ 与 Re 的关系,再进一步建立 C_z 与 Re 的关系。

　　本节对渐开线形 45° 导流角的旋流扶正器形状阻力系数进行实验,实验结果见表 3.7。

表 3.7　旋流扶正器阻力系数实验结果

旋流扶正器结构参数			流体性能		排量/	Re	h_f/cm	λ	C_z
ϕ_h	$\theta/(°)$	L_x/mm	n	$K/(\text{Pa}\cdot\text{s}^n)$	(L/s)				
0.92	45	96	清水	清水	0.478	6347.9	0.82	0.31	0.3
0.92	45	96	清水	清水	1.037	13772	1.59	0.13	0.12
0.92	45	96	1	0.005	0.508	1349.3	2.46	0.82	0.43
0.92	45	96	0.7705	0.0356	0.508	977.63	3.56	1.19	0.44
0.92	45	96	0.7705	0.0356	1	2248.1	7.58	0.65	0.4
0.92	45	96	0.7705	0.0356	1.5	3701	12.4	0.47	0.37
0.72	45	96	0.7705	0.0356	0.508	641.13	2.86	1.14	0.46
0.72	45	96	0.7705	0.0356	1	1474.3	5.99	0.6	0.41
0.72	45	96	0.7705	0.0356	1.5	2427.1	9.73	0.44	0.38
0.92	45	48	0.7705	0.0356	0.508	691.29	2.3	1.54	0.55
0.92	45	48	0.7705	0.0356	1	1589.7	4.1	0.71	0.43
0.92	45	48	0.7705	0.0356	1.5	2617	7.22	0.55	0.39

　　对于不同结构的旋流扶正器,厂家在生产加工后须对其形状阻力系数进行实验确定,以供固井注水泥设计时使用,这对现场安全施工非常重要。

3.3　本章小结

　　本章通过大量的实验,结合理论分析,研究了螺旋流场的轴向速度和周向速度分布及螺旋流场的阻力损失。并通过旋流角的轴向衰减实验,研究了螺旋流场旋流衰减规律,得出如下几点认识。

(1)环空螺旋流场与一维轴向流场不同,轴向速度在旋流扶正器出口处,最大值向外壁偏移,并随旋流作用增强而靠近井壁幅度增大;随着远离扶正器,旋流强度逐渐衰减,轴向速度最大值逐渐向内壁偏移,最后转为纯轴向流的分布特征;周向速度的不对称更为明显,周向速度的最大值沿程均偏向外壁。周向最大值向井壁偏移的特征,有利于提高顶替液对井壁高黏附泥浆、井眼不规则和套管偏心环空窄间隙的泥浆等的顶替效果。

(2)从旋流扶正器下游流场的实验结果分析也可以得出,旋流扶正器的导流角、导叶有效高度、扶正器长等对旋流的发展都有影响。45°导流角扶正器比30°和20°的导流角扶正器的导流效果好,导叶有效高度系数越大,导流效果越好,现场使用旋流扶正器时应尽可能根据旋流扶正器的外径与井径尺寸配比,提高导叶有效高度系数,提高旋流扶正器的导流效果。

(3)流体流变性能影响旋流发展,改善流体流变性能有助于提高旋流轴向波及长度。

(4)在机泵能力和地层承压能力允许范围内,尽可能提高排量,以增大旋流轴向波及范围。

(5)实验中推导了平均旋流角、平均周向速度、螺旋衰减流场阻力损失计算公式,公式中综合考虑了旋流扶正器结构参数、施工水力参数等各相关因素,为工程施工水力参数设计提供了依据。

(6)旋流扶正器对流场的压降的影响,随着环空综合雷诺数增大,其影响程度随之增大,因此,施工设计时须根据实际工况慎重对待,确保安全施工。

第4章　高效导流旋流扶正器结构研究

本章先对旋流扶正器结构研究现状进行了调研分析,总结了研究中存在的问题。在此基础上,从高效导流和安全下入两个方面入手,系统研究了旋流扶正器的结构,为旋流扶正器的结构设计、选用提供依据。

4.1　旋流扶正器国内外研究现状

笔者对公开发表的文献进行了调研,并通过中国知识产权和美国专利网查询了国内有关旋流扶正器专利情况。1989 年,河南省濮阳中原油田钻井工艺研究院况太槐和马忠华[135]发明了一种套管旋流扶正器,该旋流扶正器由上下接箍、扶正架、旋流片组成。扶正架由 5 条拱形条片组成,扶正架两端用接箍相连,上接箍的外圆上连接有 5 条旋流片。1994 年,新疆石油管理局钻井工艺研究院发明了一种用于水平井和定向井固井的刚性旋流扶正器[136],该旋流扶正器由圆柱衬套和扶正条组成,扶正条在圆柱衬套上呈螺旋形结构。1995 年,大庆石油管理局李成林等发明了一种套管弹性旋流扶正器[137],该扶正器由标准弹性扶正器与导流片组成,导流片与扶正器成一定角度安放。1997 年,辽河石油勘探局赵国良等[138]发明 45°旋流扶正器,该旋流扶正器配套定位接箍,另外在套管本体的外侧还安装有数条弓形弹簧片,在其弹簧片弧长的 1/3 处固定有套管 45°旋流片。美国威德福油田服务有限公司 Reinoholdt 等 1999 年发明的旋流扶正器由 8 个导叶相间分布,导叶与扶正器轴向呈 30°~45°,导叶两端是锥形的,方便扶正器下入[139]。扶正器由止动环固定在套管上或用强力胶黏在套管上。扶正条强度设计考虑了部分井段井壁垮塌对扶正器的损坏。浙江大学和大庆石油学院发明了一种增速型套管弹性旋流扶正器[140],其导流体是用弹簧钢板焊接成的具有不同表面形状特征的楔形五面体,导流体能围绕套管柱吻合接触并对液流导流,产生增速作用的渐缩流道。2006 年,新疆石油管理局钻井工艺研究院王兆会等[141]发明了一种带滚轮刚性旋流扶正器,该扶正器扶正条有 3~6 个,扶正条在本体上呈螺旋形均匀分布在圆周面,每个扶正条上均开有若干个顺着螺旋方向分布的凹槽,滚轮套装在滚轴上,滚轴通过焊接固定在扶正条上。2013 年,于林林等[142]发明了一种树脂旋流扶正器,该扶正器导流角为 20°～29°,整体采用高分子树脂材料,具有重量轻、绝缘性能好、耐腐蚀、不易变形、套管下入时摩擦阻力小等优点。同年,西南石油大学赵建国等[143]根据结合弹簧片、旋流及液力变径扶正器的优点设计了一种新型扶正器,该扶正器下入过程中其外径与套管接箍外径相同,液压腔外部开有 3～6 个与轴线成 30°～60°夹角的螺旋槽。这种结构可以减小下入摩阻,当下至设计井深时,弹簧片可伸出扩径扶正套管,并可发挥导流片的导流作用。国外以美国 Ray 石油工具公司[144]生产的旋流扶正器为代表,该公司生产了一种旋流扶正器,该旋流扶正器采用一种优质铝合金整体结构,其结构设计更多地考虑的是降低下入阻力,提高旋流扶正器的耐磨损特性、耐冲击性、高强度、耐蚀性等特性;为了减小下入阻力,减小叶片刮刨井壁,其旋流扶正器的导流角设计为 30°。

从公开文献报道可知,国内外对旋流扶正器结构缺乏系统的研究,也没有从高效导流和安全下入方面进行综合研究。

4.2　新型高效导流旋流扶正器结构设计与评价

以往关于旋流扶正器结构的评价研究,主要是对旋流扶正器的导流角、导叶长、导叶高等方面进行实验研究[115-120],对导叶形状研究相对缺乏。直到 2004 年才出现少量的研究报道[145-147],但这些研究并没有从安全下入的角度进行探讨。

4.2.1　新型高效导流旋流扶正器结构设计

1. 导流条断面形状

不同形状的导叶,会影响流体的过流面积及其对流体能量分布,在旋流扶正器本身段和出口段将产生不同的流场分布,产生不同的流体流动阻力,从而对流体的导流能力有着一定的影响。现有的旋流扶正器的研究中,很少就扶正器导叶的形状特征进行分析和论证。生产现场使用的扶正器多是矩形和梯形,这些特征多是从生产加工工艺方便考虑的,并未从扶正器的导流需要进行考虑。分析认为,导流能力高的导叶形状设计应遵循以下两个原则:对流体产生的能量损失小;流道中的液体具有较强的收敛性,能使流体最大限度地得到导流,使尽可能少的液体从导叶顶部间隙过流。

为此,设计并加工了如下四种叶型:渐开线形、倒梯形、梯形和矩形(见图 4.1)。

图 4.1　四种旋流扶正器导叶形状

由左到右分别为倒梯形、渐开线形、梯形、矩形

2. 导流角度

导叶切线与旋流扶正器轴向夹角为导流角。一般认为,在一定的流量下,导流角越大,流体被导向越强烈,则流体沿周向流动的强度越大。但随着导流角的增大,流体流动阻力也相应地增大。通过现场调研,西南石油工程有限公司固井分公司以前所用的旋流扶正器角度为 20°～30°。实验研究时设计了 3 种导流角:20°、30°、45°(见图 4.2)。

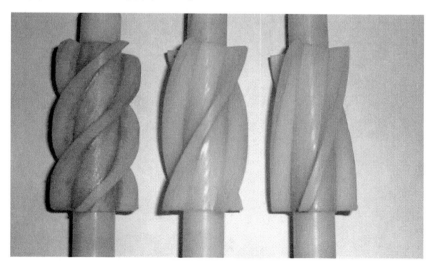

图 4.2　三种不同导流角旋流扶正器

由左到右导流角分别为 45°、30°、20°

3. 导叶高度

受井眼环空间隙的限制，实际工程中考虑下入的需要，导叶外径不可能与井径相等，导流片与井壁间总是有间隙的，旋流扶正器导叶外径 D_d 小于井径 D_o。因此，总会有流体沿着该间隙过流 。参考 Wells 和 Smith[115] 的方法，通过几何条件分析定义出有效高度系数的概念，具体如下：

$$\phi_h = \frac{(D_d - D_i)\left(1 - \dfrac{2e}{D_o - D_i}\right)}{D_o - D_i} \tag{4-1}$$

式中，D_d 为旋流扶正器导叶外径；e 为偏心度。对于同心环空，$e=0$，则

$$\phi_h = \frac{D_d - D_i}{D_o - D_i} = \frac{h}{r_o - r_i} \tag{4-2}$$

式中，r_o 为环空外半径（即井眼半径）；r_i 为环空内半径（也即套管外半径）。有效高度系数 ϕ_h 越大，旋流扶正器对流体导流越充分。

表 4.1 中前三列数据是美国 Ray 石油工具公司的旋流扶正器产品规格及推荐相应井径数据，根据其数据可算出导叶有效高度系数，见最后一列。

表 4.1　Ray 石油工具公司旋流扶正器产品规格与导叶有效高度系数

套管外径/mm	导叶外径/mm	井径/mm	有效高度系数
73.0	108.0	114.3	0.85
88.9	108.0	114.3	0.75
114.3	152.4	155.6	0.92
114.3	193.7	200.0	0.93
127.0	152.4	155.6	0.89
127.0	161.9	165.1	0.92
127.0	209.6	215.9	0.93
139.7	161.9	165.1	0.87
139.7	168.3	171.5	0.90
139.7	193.7	200.0	0.90
139.7	209.6	215.9	0.92
177.8	206.4	215.9	0.75
177.8	212.7	215.9	0.92

续表

套管外径/mm	导叶外径/mm	井径/mm	有效高度系数
177.8	247.7	250.8	0.96
193.7	212.7	215.9	0.86
193.7	247.7	250.8	0.95
244.5	266.7	273.1	0.78
244.5	308.0	311.2	0.95
273.1	368.3	374.7	0.94
298.5	368.3	374.7	0.92
339.7	438.2	444.5	0.94

　　为研究多种工况时旋流扶正器的导流能力，设计和加工有效高度系数为0.92、0.72 和 0.56 时的三种导叶，并进行研究(图 4.3)。

图 4.3　三种不同导叶有效高度系数的旋流扶正器

由左到右分别为 $\phi_h = 0.92$、$\phi_h = 0.72$、$\phi_h = 0.56$

4. 旋流扶正器长度

　　对于一定螺旋升角的旋流扶正器，旋流扶正器长度代表了一定的导叶轴向上升高度。从旋流效果来说，长度越长，导流越充分。若导叶不够长，部分流体未能被有效导向，直接以原轴向流的方式通过导流片间隙流出，这将影响旋流发展。但导叶长度不能无限增加，因为导叶过长，不但不能进一步增强旋流强度，相反会使流动阻力增大，旋流扶正器入井阻力也增大，并且易造成浮泥堵塞流道。实验研究了两种长度旋流扶正器(图 4.4)。

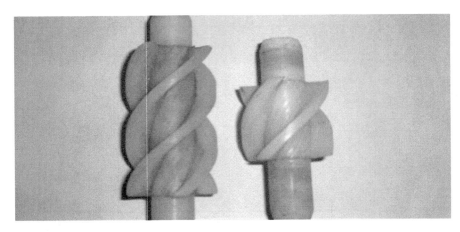

图 4.4　两种不同长度旋流扶正器

左：$L_x=3.84(D_o-D_i)$；右：$L_x=1.92(D_o-D_i)$

4.2.2　旋流扶正器导流能力评价

不同的结构组合有着不同的导流能力。但要对结构的合理性进行评价，需要先确定一个统一合理的评价标准。本节从水力能量守恒原理出发，定量评价了导流效率和导流强度两个指标对旋流扶正器的导流效果。

1. 导流效率与实验

1）理论分析

根据能量守恒原理，有下式成立：

$$z_1 + \bar{p}_1/\gamma + \alpha_1 \bar{u}_{z1}^2/(2g) = z_2 + \bar{p}_2/\gamma + \alpha_2 \bar{u}_{z2}^2/(2g) = \frac{\bar{E}_d}{\gamma Q} + h_f \quad (4\text{-}3)$$

式中，z_1 为旋流扶正器进口位置；z_2 为旋流扶正器出口位置；$\bar{p}_1$、$\bar{p}_2$ 分别为旋流扶正器进出口断面的平均压强；$\bar{u}_{z1}$ 为进口断面平均流速；$\bar{u}_{z2}$ 为出口断面平均流速；γ 为流体容重；E_d 为出口断面旋转动能；h_f 为旋流扶正器的阻力损失；α_1、α_2 为动能修正系数；Q 为流量。

设 $\Delta z = z_2 - z_1$，并假设 $\alpha_1 = \alpha_2$，断面平均轴向速度保持不变，$\bar{u}_{z1} = \bar{u}_{z2} = \bar{u}_z$，则通过公式推导化简上述能量方程：

$$\frac{\bar{p}_1 - \bar{p}_2}{\gamma} = \Delta z + \frac{E_d}{\gamma Q} + h_f \quad (4\text{-}4)$$

　　根据评价目标,流体在旋流扶正器的导流下获得的旋转动能占整个能量比值越大,导流效果越好。因此,定义旋流扶正器的导流效率 η 为流体通过旋流扶正器后单位时间内所获得的旋转动能 $E_d/(\gamma Q)$ 所占流体在单位时间通过旋流扶正器后所有能量的比值,即

$$\eta = \frac{E_d}{\gamma Q} \Big/ \Big(h_f + \frac{E_d}{\gamma Q} + \Delta Z \Big) \tag{4-5}$$

因为位能 ΔZ 为定值,式(4-5)反映了旋流扶正器的导流效果和自身能耗的对比关系。导流越充分,流体导流后所获得的旋转动能越高,而能耗越小,则导流强度越大,旋流扶正器的导流水平越高。因此,应用式(4-5)可在一定程度上反映旋流扶正器导流能力。

　　对旋转动能进行分析时,在旋流扶正器段取半径 dr 的圆柱作为控制单元体,如图 4.5 和图 4.6 所示。控制体进出口 1 和 2 的流速分布可视为均匀分布。进出口中周向平均速度分别为 $\bar{u}_{\theta 1}$,$\bar{u}_{\theta 2}$,根据连续运动原理,该控制段的动量矩方程为

$$dM = \rho \, dq(r\bar{u}_{\theta 2} - r\bar{u}_{\theta 1}) = 2\pi\rho r^2(\bar{u}_{z2}\bar{u}_{\theta 2} - \bar{u}_{z1}\bar{u}_{\theta 1})dr \tag{4-6}$$

式中,M 为动量矩;q 为流量。流体通过旋流扶正器获得的动量矩等于旋流扶正器出口后与进口前动量矩之差。

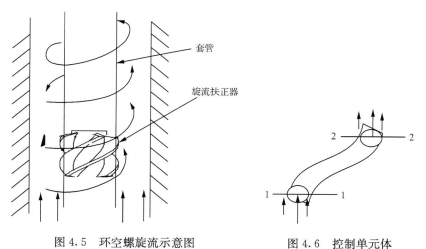

　　图 4.5　环空螺旋流示意图　　　　　　　　图 4.6　控制单元体

　　因旋流扶正器进口处流体未经过导向,流体不存在旋转运动,即 $\bar{u}_{\theta 1} = 0$,$\bar{u}_{\theta 2} = \bar{u}_{\theta}$,且根据前面假设,断面平均轴向速度保持不变,所以有

$$\mathrm{d}M = 2\pi\rho r^2 \,\bar{u}_z\, \bar{u}_\theta \mathrm{d}r \tag{4-7}$$

因旋流扶正器前后两端流体的旋转角速度分别为 0、$\bar{u}_\theta/r$，则根据定轴转动的动能定理有

$$\mathrm{d}E_\mathrm{d} = \mathrm{d}M \frac{\bar{u}_\theta}{r} \tag{4-8}$$

因此,单位时间内流体通过叶片时获得的旋转动能为

$$\mathrm{d}E_\mathrm{d} = 2\pi\rho\, \bar{u}_z\, \bar{u}_\theta{}^2 r\mathrm{d}r \tag{4-9}$$

则整个断面获得的旋转动能为

$$E_\mathrm{d} = \int_{r_\mathrm{i}}^{r_\mathrm{o}} 2\pi\rho\, \bar{u}_z\, \bar{u}_\theta{}^2 r\mathrm{d}r = \pi\rho\, \bar{u}_z(r_\mathrm{o}^2 - r_\mathrm{i}^2)\, \bar{u}_\theta{}^2 \tag{4-10}$$

根据旋流扶正器进出口能量分析,整个断面获得的旋转动能为

$$E_\mathrm{d} = \pi\rho\, \bar{u}_z(r_\mathrm{o}^2 - r_\mathrm{i}^2)\, \bar{u}_\theta{}^2 \tag{4-11}$$

因此

$$\eta = \frac{\bar{u}_\theta{}^2}{g} \Big/ \left(h_f + \frac{\bar{u}_\theta{}^2}{g} + \Delta Z \right) \tag{4-12}$$

2）实验评价

根据上述 η 值,对导叶形状、导流角、导叶高度,以及旋流扶正器长度进行评价。导叶形状评价实验的结果见表 4.2～表 4.5。

表 4.2　导叶形状评价

叶型	$\eta/\%$								
	n	$K/(\mathrm{Pa\cdot s}^n)$	$Q/(\mathrm{L/s})$	n	$K/(\mathrm{Pa\cdot s}^n)$	$Q/(\mathrm{L/s})$	n	$K/(\mathrm{Pa\cdot s}^n)$	$Q/(\mathrm{L/s})$
	1	0.003	0.54	1	0.001	0.48	1	0.001	1.04
渐开线形		2.16			1.64			3.51	
倒梯形		1.94			1.59			2.71	
矩形		1.64			1.53			2.34	
梯形		1.24			1.15			2.14	

表 4.3　导流角评价

导流角 /(°)	$\eta/\%$								
	n	$K/(Pa \cdot s^n)$	$Q/(L/s)$	n	$K/(Pa \cdot s^n)$	$Q/(L/s)$	n	$K/(Pa \cdot s^n)$	$Q/(L/s)$
	0.7705	0.0366	0.51	0.7705	0.0366	1.00	0.7705	0.0366	1.50
45		1.94			2.07			2.55	
30		0.95			1.15			1.48	
20		0.35			0.5			0.64	

表 4.4　导叶高度评价

有效高度系数	$\eta/\%$								
	n	$K/(Pa \cdot s^n)$	$Q/(L/s)$	n	$K/(Pa \cdot s^n)$	$Q/(L/s)$	n	$K/(Pa \cdot s^n)$	$Q/(L/s)$
	0.7705	0.0366	0.51	0.7705	0.0366	1.00	0.7705	0.0366	1.50
0.92		1.94			2.07			2.55	
0.72		1.56			1.68			1.93	
0.56		1.12			1.24			1.42	

表 4.5　旋流扶正器长度评价

长度	$\eta/\%$								
	n	$K/(Pa \cdot s^n)$	$Q/(L/s)$	n	$K/(Pa \cdot s^n)$	$Q/(L/s)$	n	$K/(Pa \cdot s^n)$	$Q/(L/s)$
	0.7705	0.0366	0.51	0.7705	0.0366	1.00	0.7705	0.0366	1.50
3.84D		1.94			2.07			2.55	
1.92D		1.76			1.88			2.45	

由表 4.2～表 4.5 实验数据可得出以下结论。

（1）四种叶型的旋流扶正器中,渐开线形导叶导流效率高于其他三种,其次为倒梯形(见表 4.2)。

（2）三种导流角旋流扶正器中 45°旋流扶正器导流效率最高(见表 4.3)。

（3）有效高度系数越大,导流效率越强;减小有效高度系数,旋流扶正器的导流效率随之降低(见表 4.4)。因此,现场使用旋流扶正器时,应尽可能使井眼尺寸与扶正器外径相匹配,增大有效高度系数,提高旋流扶正器的导流效率。

（4）旋流扶正器长度对导流能力有一定影响,但随着排量增大,两种长度旋流扶正器导流能力逐渐接近(见表 4.5)。

（5）施工排量增大时,导流效率随之增大,因此,施工设计时在条件许可的情况下,排量越大越好。

(6) 以渐开线形导叶、45°导流角为基本结构的旋流扶正器具有能耗小、导流能力高的优点。

分析认为,渐开线形导叶导流效果好的原因可以解释为:渐开线形导叶自底部向顶部呈渐扩式形状,使旋流扶正器流道由底部向顶部呈渐收式,因此旋流扶正器流道断面阻力自底部向顶部逐渐增大,更多的流体从阻力较小的近内壁区流走,从而减小了液体从导叶顶部的过流量,使流体得到更充分的导流。

2. 导流强度与实验

根据评价目标,流体在旋流扶正器的导流下以最小的阻力损失获得最大的旋转动能为最优。因此,可用上述两者的比值大小进行评价。现定义旋流扶正器的导流强度为 η',所谓旋流扶正器的导流强度 η',是指流体通过旋流扶正器后单位时间内所获得的旋转动压 $E_d/(\gamma Q)$ 与流体在单位时间通过旋流扶正器后阻力损失 h_f 之比,即

$$\eta' = \frac{\bar{u}_\theta^2}{g h_f} \tag{4-13}$$

分析旋流扶正器的导流强度主要在于两个方面:旋转动压与阻力损失。由导流强度的定义,以及与式(3-72)和式(3-76)可得

$$\eta' = \cfrac{\bar{u}_\theta^2}{\cfrac{A}{A_{dd} + A_d} \cfrac{\bar{u}_i^2}{\pi(D_o^2 - D_i^2)} \left\{ 8C_z hL\sin\theta + \lambda_z \left\{ \left[4L\sqrt{\left(\frac{a-b}{2}\right)^2 + h^2} + 2\pi r_i L_x \right] \Big/ \cos^2\left(\frac{\theta}{2}\right) + \pi r_o L_x \right\} \right\}} \tag{4-14}$$

式中,A_{dd} 为导叶顶部环空流道面积;A_d 为旋流扶正器流道面积。

结合实验,进一步化简式(4-14)得

$$\eta' = \cfrac{(A_{dd} + A_d)^3 \sin^2(0.91\phi_h\theta)/\cos^2(0.5\theta)}{A^2 \left\{ 2C_z hL\sin\theta + \lambda_z \left\{ \left[L\sqrt{\left(\frac{a-b}{2}\right)^2 + h^2} + \frac{\pi r_i L_x}{2} \right] \Big/ \cos^2\left(\frac{\theta}{2}\right) + \frac{\pi r_o L_x}{4} \right\} \right\}} \tag{4-15}$$

从式(4-15)可看出,提高旋流扶正器导流强度的途径有以下 5 个方面。

(1) 降低形状阻力系数 C_z,四种导叶旋流扶正器中,渐开线形导叶最小。

(2) 减小导叶截面面积,增加环空流道面积,可一定程度上降低流动阻力,提高导流强度。

(3) 当旋流扶正器的导叶高度系数大于 0.72 时,随着排量增大,可适当减小旋流扶正器长度,这样既可以减小流动阻力,提高导流效率,也便于旋流扶正器下入井筒,减少对上部掉屑的承接量。

(4) 导叶有效高度越大,导流强度越大。

为了进一步证实这个结论,可对式(4-15)进行分析。设导流角为 45°,间隙总单位长为 5,有效高度系数 ϕ_h 为 $0.2 \sim 1$,则 $\eta'' = \sin^2(0.91\phi_h\theta)/h$,$\eta''$ 与 h 的关系可反映导流强度与导叶高度之间的关系,其关系如图 4.7 所示。

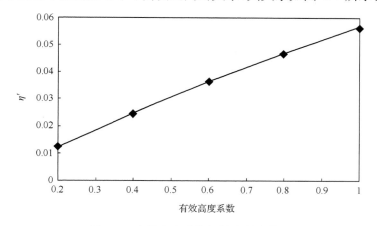

图 4.7　有效高度系数与导流强度关系

由图 4.7 可见,导叶有效高度系数的增加,可提高旋流扶正器的导流强度。

(5) 45° 导流角旋流扶正器导流强度 η' 最大。

为分析 45° 导流角是否最优,对式(4-15)进一步分析导流角单因素与导流强度的关系。导流强度 η' 可简化为 η'',即

$$\eta'' = \sin^2(0.91\phi_h\theta)/\{\cos^2(0.5\theta)[\sin\theta\tan\theta + \tan\theta/\cos^2(0.5\theta)]\}$$

经计算,旋流扶正器导流角最优值为 45°(图 4.8)。分析认为,这是由于当导流角大于 45° 时,流体获得的旋转动能增加量较小,而流动阻力增加量较大,从而使导流强度减弱。

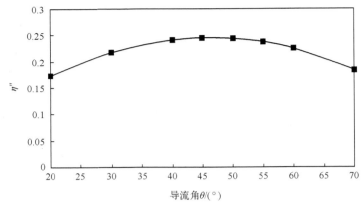

图 4.8　θ 与 η'' 关系图

4.2.3　准入性与导流效果的综合分析

上述研究仅考虑了旋流扶正器的导流效率,在实际应用时,还需结合扶正器的井下准入性,即下入过程导叶刮擦的泥皮不堵塞流道,不会造成人工活塞。下入过程要求不形成人工活塞,关键在于导叶高度、导流角,以及旋流扶正器长度三个参数。

1. 导叶高度

对于导叶高度,根据前面理论与实验结论,导叶有效高度系数越大,导流效率越高,在保证有效高度系数为 0.72 以上,导流效果较好,但为了井下下入安全,有效高度系数最大达 0.92 即可。

2. 导流角与导叶长

当旋流扶正器的导流角为 45°时,导流效率和导流强度都是最大的。但导流角越大,扶正器下入的过程中导叶刮擦井壁且泥沙、泥皮在导叶沉床也越严重,由此旋流扶正器有形成人工活塞的可能,从而堵塞流道,加剧后续作业的难度,甚至带来风险。因此,如何保证在导流效率最大的情况下,扶正器下入顺利?这需要导流角与导叶轴向长相配合。分析认为,当上导叶内侧顶端与下导叶外侧底端连线与扶正器轴线平行时(图 4.9),导叶所刮下的泥皮、岩屑完全不被下导叶阻挡,而由上游来的流体却可被上导叶完全导向,从而实现导流效率最大化。

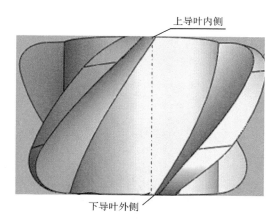

图 4.9　导流角与导叶长设计示意图

3. 实验用模型与实际尺寸模型及加工成品

1）实验用扶正器模型

实验设计和加工了 3 个不同尺寸的渐开线式旋流扶正器模型（图 4.10）。旋流扶正器具体结构尺寸为：①内管外径×旋流扶正器导叶外径为 51mm×98mm，旋流扶正器内径为 50mm，导流角为 45°，导叶高为 80mm，壁厚为 2mm，导叶上底宽为 12mm、下底宽为 9mm，导叶高为 21mm；②内管外径×旋流扶正器导叶外径为 61mm×92.8mm，旋流扶正器内径为 60mm，导叶高为 18.4mm，其他参数同上；③内管外径×旋流扶正器导叶外径为 70mm×98mm，旋流扶正器内径为 70mm，导叶高 80mm，其他参数相同。

(a) 内径50mm　　　　　　　(b) 内径60mm　　　　　　　(c) 内径70mm

图 4.10　旋流扶正器模型

2）实际尺寸

针对 215.9mm×177.8mm 环空结构固井，加工材质使用不锈钢，制作方式为浇铸（图 4.11）。

图 4.11　实际尺寸旋流扶正器
导叶外径×内管外径为 214mm×178mm

4.3　本 章 小 结

通过对国内外文献的研读和现场调研可知，目前已发明和生产在用的旋流扶正器有弹性旋流扶正器和刚性旋流扶正器。结构设计中缺乏对导流角、导叶高、导叶长、导叶形状等的综合研究，相关理论研究也稍显不足。这种现状导致旋流扶正器结构设计和现场选用缺乏依据。为此，系统地研究了旋流扶正器的导叶形状和结构尺寸对环空液体流场的影响，从高效导流的要求出发，提出了设计旋流扶正器所需遵循的基本原则。这些原则包括液体在流道中具有较小的阻力，流道中的液体具有较强的收敛性，而不向导叶顶部环空间隙过流等内容。结合理论与实验分析，本章可得出如下成果与认识。

（1）根据能量守恒定理和井下安全下入的需要，建立旋流扶正器结构设计和评价标准。使用导流效率和导流强度两个指标综合评价旋流扶正器的结构，能较真实地反映旋流扶正器的导流效果，它既考虑了旋流扶正器产生的旋流能量，又考虑了旋流扶正器的流动阻力。这种评价标准和设计方法可以用以指导旋流扶正器的导流角、导叶高、导叶形状等参数进行合理的设计。

（2）以渐开线叶型导叶、45°导流角为基础，在满足旋流扶正器下入的前提下尽可能提高导叶高度系数，通过上导叶底端和下导叶顶端连线与轴线平行的结构确定旋流扶正器长度。这种结构旋流扶正器具有应用安全、导流效果好的优点，旋流扶正器的结构设计理论与方法为导流角的大小，导叶高度，扶正器长度，以及导叶形状的设计、加工或选用提供了科学依据，对规范现场使用旋流扶正器具有重要的意义。

第 5 章　旋流扶正器井下间距设计

　　旋流扶正器在井下的安放一直是固井工程研究人员和施工者们最为关注的问题。安放间距过大,旋流强度较弱段达不到改善顶替效果的目的;旋流扶正器间距安放过小,将造成泵送能量的极大浪费,增加了使用旋流扶正器的成本。因此,需对旋流扶正器安放间距进行合理设计。

　　以往的旋流扶正器安放间距设计理论都是建立在单相流的基础上,以旋流轴向波及长度为设计依据[82,115-118],并未考虑井下具体的被顶替对象所产生的阻力。本章在推导旋流扶正器安放间距公式时,将从周向剪切力和第二界面泥浆的黏滞阻力两个方面综合考虑,加以研究。

5.1　旋流扶正器安放设计理论研究

　　首先研究环空流体周向运动带来的周向剪切应力大小,取环空某一断面进行分析。为研究方便,忽略流体轴向运动,只考虑流体做周向运动,且环空只充满一种液体。图 5.1 为环空微元流体周向运动受力图,h_c 为环空间隙宽度。根据实验结果,周向速度最大值向外壁偏移。考虑管壁摩擦的作用,推断

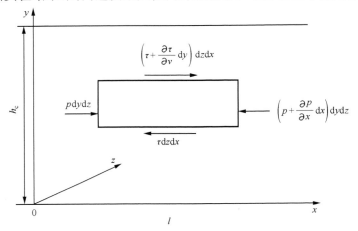

图 5.1　环空断面流体周向运动受力图

周向速度最大值近似为距内壁 $0.8h_c$ 处。根据速度最大值所在位置将环空分为内区和外区。$0 \sim 0.8h_c$ 为内区，$0.8h_c \sim h$ 为外区。各区内视压力仅为 x 的函数。

5.1.1　幂律流体的相关研究

根据受力分析，内区 $0 < y < 0.8h_c$ 有

$$
\begin{cases}
\dfrac{\mathrm{d}p}{\mathrm{d}x} = -p' = \dfrac{\partial \tau}{\partial y} \\[2mm]
\tau(0.8h_c) = 0 \\[2mm]
\tau = K\left(\dfrac{\mathrm{d}u_\theta}{\mathrm{d}y}\right)^n \\[2mm]
u_{\theta i}(0) = 0, \ u_{\theta i}(y) = u_{\theta i}
\end{cases}
\tag{5-1}
$$

式中，$p' = \dfrac{p_0 - p_l}{l}$，$p_0$、$p_l$ 分别为 $x = 0$ 和 $x = l$ 处的压力；n 为流性指数，无因次；K 为稠度系数，$\mathrm{Pa \cdot s}^n$。

积分得内区剪切应力 τ_i 为

$$
\tau_i = p'(0.8h_c - y)
\tag{5-2}
$$

内壁剪切应力为

$$
\tau_{wi} = 0.8p'h_c
\tag{5-3}
$$

内区周向速度为

$$
u_{\theta i} = \left(\frac{p'}{K}\right)^{\frac{1}{n}} \frac{n}{n+1}\left[(0.8h_c)^{\frac{n+1}{n}} - (0.8h_c - y)^{\frac{n+1}{n}}\right]
\tag{5-4}
$$

外区 $0.8h_c < y < h_c$ 有

$$
\begin{cases}
-\dfrac{\mathrm{d}p}{\mathrm{d}x} = p' = \dfrac{\partial \tau}{\partial y} \\[2mm]
\tau(0.8h_c) = 0 \\[2mm]
\tau = K\left(-\dfrac{\mathrm{d}u_\theta}{\mathrm{d}y}\right)^n \\[2mm]
u_{\theta o}(h_c) = 0, \ u_{\theta o}(y) = u_{\theta o}
\end{cases}
\tag{5-5}
$$

因此,外区剪切应力 τ_o 为

$$\tau_o = p'(y - 0.8h_c) \tag{5-6}$$

外壁剪切应力 τ_{wo} 为

$$\tau_{wo} = 0.2h_c p' \tag{5-7}$$

外区周向速度 $u_{\theta o}$ 为

$$u_{\theta o} = \left(\frac{p'}{K}\right)^{\frac{1}{n}} \frac{n}{n+1}\left[(0.2h_c)^{\frac{n+1}{n}} - (y - 0.8h_c)^{\frac{n+1}{n}}\right] \tag{5-8}$$

环空流体周向平均流速为

$$\bar{u}_\theta = \frac{\int_0^{h_c} u_\theta \mathrm{d}y}{h_c} = \frac{1}{h_c}\left(\int_0^{0.8h_c} u_{\theta i}\mathrm{d}y + \int_{0.8h_c}^{h_c} u_{\theta o}\mathrm{d}y\right)$$

$$= \frac{1}{h_c}\left[\frac{n}{2n+1}\frac{3n+1}{n+1}\left(\frac{p'_1}{K}\right)^{1/n}(0.8h)^{\frac{2n+1}{n}} + \frac{n}{2n+1}\left(\frac{p'_2}{K}\right)^{1/n}(0.2h)^{\frac{2n+1}{n}}\right]$$

$$= \frac{n}{2n+1}\left(\frac{3n+1}{n+1} + 0.25\right)(0.8h)^{\frac{2n+1}{n}}\left(\frac{p'_1}{K}\right)^{1/n} h^{\frac{n+1}{n}} \tag{5-9}$$

根据连续性条件 $u_{\theta o}(0.8h_c) = u_{\theta i}(0.8h_c)$,内区压力梯度 p'_1 与外区的压力梯度 p'_2 有下面关系式成立:

$$p'_2 = 4^{n+1} p'_1 \tag{5-10}$$

进一步得外壁面周向剪切应力为

$$\tau_{wo} = 0.2p'h_c = 0.8 \times 4^n K \left[\frac{\bar{u}_\theta(2n+1)}{n\left(\frac{3n+1}{n+1} + 0.25\right)(0.8h)^{\frac{2n+1}{n}}h}\right]^n \tag{5-11}$$

因为轴向一维顶替难以替净的区域为外壁附近区,故只考虑外壁周向剪切力对顶替的作用。分析认为,只要外壁剪切力大于钻井液壁面附着力,则可以完全清除环空钻井液,即完全替净。钻井液壁面附着力用钻井液静切力 τ_m 表示。即有

$$|\tau_{wo}| \geqslant |\tau_m| \tag{5-12}$$

因此

$$\bar{u}_\theta \geqslant \frac{0.16n\left(\frac{3n+1}{n+1}+0.25\right)\left(\frac{\tau_m}{K}\right)^{\frac{1}{n}}h_c}{2n+1} \tag{5-13}$$

当 $\tau_m = 0$，所需周向速度为 0，但这在实际中是不存在的。当 $\tau_m > 0$，设

$$u_{\theta c} = \frac{0.16n\left(\frac{3n+1}{n+1}+0.25\right)\left(\frac{\tau_m}{K}\right)^{\frac{1}{n}}h_c}{2n+1} \tag{5-14}$$

式中，$u_{\theta c}$ 为克服被顶替液外壁面阻力、钻井液开始运移时的临界平均周向速度。其中，

$$h_c = D/2 \tag{5-15}$$

则旋流扶正器最大安放间距 $Z_{x\max}$ 为

$$Z_{x\max} = -1.547\,Re_m^{0.3915}D\ln\frac{\tan^{-1}(u_{\theta c}/\bar{u})}{0.91\phi_h\theta} \tag{5-16}$$

由式(5-16)可得出以下几点结论。

(1) 被顶替液黏滞阻力越大，旋流扶正器安装间距越小，所需安放旋流扶正器越多。因此，注水泥施工前应调整泥浆性能，降低其静切力。

(2) 不同的环空间隙，旋流扶正器对流场的干扰长度不同，从而旋流扶正器的安放间距也不同。环空间隙较大时，可加大旋流扶正器的安放间距；反之，间隙较小，应减小旋流扶正器安装间距。

(3) 提高导叶有效高度系数，可以增大旋流扶正器安装间距。因此，旋流扶正器的外径与井径应合理匹配，在保证能够下入井眼的前提下，应尽可能减小导叶与井眼间隙，提高导叶有效高度系数，从而提高旋流扶正器的导流能力，提高顶替效率。

进一步运用式(5-16)进行算例分析顶替液的流变性和施工排量对旋流扶正器间距的影响(见表5.1)。由表5.1计算结果分析可得出以下两点结论。

(1) 排量一定的情况下，流变性对旋流扶正器的流场干扰长度和旋流扶正器安装间距的影响可用环空综合雷诺数 Re_m 的影响来说明。流变性越好，

表 5.1　幂律流体流变性与排量对旋流扶正器间距的影响

影响因素	τ_{m} /Pa	K /(Pa·s^n)	n	D_{o} /m	D_{i} /m	D /m	h_{c} /m	Q /(m³/s)	u_{av} /(m/s)	ρ /(kg/m³)	θ /(°)	ϕ_{h}	Re_{m}	Z_{smax} /m
流性指数 n 和稠度系数 K	3	0.6	0.39	0.251	0.178	0.073	0.037	0.033	1.34	1977	45	0.92	7372.96	3.7
	3	0.56	0.42	0.251	0.178	0.073	0.037	0.033	1.34	1977	45	0.92	6749.89	4.5
	3	0.48	0.55	0.251	0.178	0.073	0.037	0.033	1.34	1977	45	0.92	4008.88	4.9
	3	0.36	0.59	0.251	0.178	0.073	0.037	0.033	1.34	1977	45	0.92	4349.43	5.3
	3	0.26	0.63	0.251	0.178	0.073	0.037	0.033	1.34	1977	45	0.92	4903.21	6.0
Q	3	0.6	0.39	0.251	0.178	0.073	0.037	0.018	0.73	1977	45	0.92	2778.58	1.1
	3	0.56	0.42	0.251	0.178	0.073	0.037	0.023	0.94	1977	45	0.92	3815.71	3.1
	3	0.48	0.55	0.251	0.178	0.073	0.037	0.033	1.34	1977	45	0.92	4008.88	4.9
	3	0.36	0.59	0.251	0.178	0.073	0.037	0.038	1.55	1977	45	0.92	5306.68	5.3
	3	0.26	0.63	0.251	0.178	0.073	0.037	0.045	1.83	1977	45	0.92	7499.24	7.7

Re_m 越大,但旋流扶正器的间距却没有相应增大,这与以往的研究结论不一致。分析认为,虽然顶替液的稠度减小,流变性变好,可以提高旋流扶正器的轴向波及长度,但顶替液的周向剪切驱动力减小,从而使旋流扶正器的安装间距没有得到增大。因此,以往仅根据旋流轴向波及长度来确定旋流扶正器的安装间距是不合理的。

(2) 当顶替液的流变性一定时,随着顶替排量的增大,旋流扶正器安装间距随之增大。因此,在条件许可的情况下,应尽可能通过提高施工排量来提高旋流扶正器的导流能力,从而减少旋流扶正器的使用量,这将有利于方便作业、节约成本。

5.1.2　宾汉流体的相关研究[148]

对于宾汉流体,分析认为,螺旋流场因流体质点在惯性离心力的作用下偏向外壁,同时也压缩流核的宽度。因此,公式推导时,假设流核无穷小可将其忽略。根据受力分析,内区 $0 < y < 0.8h_c$ 有

$$\begin{cases} \dfrac{\mathrm{d}p}{\mathrm{d}x} = -p' = \dfrac{\partial \tau}{\partial y} \\[2mm] \tau(0.8h_c) = 0 \\[2mm] \tau = \mathrm{YP} + \eta_p \dfrac{\mathrm{d}u_\theta}{\mathrm{d}y} \\[2mm] u_{\theta i}(0) = 0,\ u_{\theta i}(y) = u_{\theta i} \end{cases} \tag{5-17}$$

式中,YP 为宾汉流体动切应力;$u_{\theta i}$ 为内区周向速度,m/s。积分得内区剪切应力 τ_i 为

$$\tau_i = p'(0.8h_c - y) \tag{5-18}$$

内壁剪切应力为

$$\tau_{wi} = 0.8h_c p' \tag{5-19}$$

内区周向速度为

$$u_{\theta i} = \frac{0.8h_c p' - \mathrm{YP}}{\eta_b}y - \frac{p'}{2\eta_b}y^2 \tag{5-20}$$

外区 $0.8h_c < y < h_c$ 有

$$
\begin{cases}
-\dfrac{\mathrm{d}p}{\mathrm{d}x} = p' = \dfrac{\partial \tau}{\partial y} \\[2mm]
\tau(0.8h_c) = 0 \\[2mm]
\tau = \mathrm{YP} - \eta_p \dfrac{\mathrm{d}u_\theta}{\mathrm{d}y} \\[2mm]
u_{\theta o}(h_c) = 0, u_{\theta o}(y) = u_{\theta o}
\end{cases}
\tag{5-21}
$$

因此,外区剪切应力 τ_o 为

$$
\tau_o = p'(y - 0.8h_c) \tag{5-22}
$$

外壁剪切应力为

$$
\tau_{wo} = 0.2h_c p' \tag{5-23}
$$

外区周向速度为

$$
u_{\theta o} = \frac{\mathrm{YP} - p'}{2\eta_p} y^2 - \frac{0.8h_c p' + \mathrm{YP}}{\eta_p} y \tag{5-24}
$$

环空平均周向流速为

$$
\begin{aligned}
\bar{u}_\theta &= \frac{\displaystyle\int_0^{h_c} u_\theta \mathrm{d}y}{h_c} \\[2mm]
&= \frac{1}{h_c}\left[\int_0^{0.8h_c}\left(\frac{0.8h_c p' - \mathrm{YP}}{\eta_p} y - \frac{p'}{2\eta_p} y^2 \right)\mathrm{d}y + \int_{0.8h_c}^{h_c}\left(\frac{p'}{2\eta_p} y^2 - \frac{0.8h_c p' + \mathrm{YP}}{\eta_p} y \right)\mathrm{d}y \right]
\end{aligned}
\tag{5-25}
$$

结合连续性条件 $u_{\theta i}(0.8h_c) = u_{\theta i}(0.8h_c)$,得

$$
\bar{u}_\theta = 0.63\frac{p'}{\eta_p}h_c^2 - 0.58\frac{\mathrm{YP}}{\eta_p}h_c \tag{5-26}
$$

因此,压力梯度为

$$
p' = \left(\bar{u}_\theta + 0.58\frac{\mathrm{YP}}{\eta_p}h_c \right)\eta_p / (0.63h_c^2) \tag{5-27}
$$

进一步得外壁面周向剪切应力为

$$\tau_{wo} = 0.2 p' h_c = \left(\bar{u}_\theta + 0.58 \frac{YP}{\eta_p} h_c \right) \eta_p / (0.32 h_c) \tag{5-28}$$

完全替净条件为 $|\tau_{wo}| \geqslant |\tau_m|$，因此，临界周向速度 $\bar{u}_{\theta c}$ 为

$$\bar{u}_{\theta c} = 0.32 h_c \frac{\tau_m}{\eta_p} - 0.58 h_c \frac{\tau_o}{\eta_p} \tag{5-29}$$

对式(5-29)进行分析，当 $\bar{u}_{\theta c} \leqslant 0$，即 $\tau_m \leqslant 1.81\tau_o$ 时，窄间隙近井壁被顶替液不需要旋转周向剪切力的作用即可被替净，近井壁被顶替液开始流动的最小静切应力为临界静切力，满足上式的动切力定义为顶替液的临界动切力。若顶替液的实际动切力等于或超过其临界值，则不需要考虑井壁滞留被顶替液的问题。旋流扶正器的安装间距以旋流轴向波及长度为依据。以旋流角度轴向衰减至 0.01 度为标准，可推导出旋流扶正器最大安放间距 Z_{xmax} 为

$$Z_{xmax} = 1.67 D Re_b^{0.32} \ln(91 \phi_h \theta) \tag{5-30}$$

当 $\tau_m > 1.81\tau_o$ 时，经推导，旋流扶正器最大间距设计值为

$$Z_{xmax} = -1.67 Re_b^{0.32} D \ln \frac{\tan^{-1}(\bar{u}_{\theta c}/\bar{u})}{0.91 \phi_h \theta} \tag{5-31}$$

由式(5-30)可知，当 $\tau_m \leqslant 1.81\tau_o$ 时，随着环空综合雷诺数的增加，旋流扶正器安装间距随之增大；当 $\tau_m > 1.81\tau_o$ 时，经式(5-31)计算，旋流扶正器间距大大缩短，此时力图通过改善顶替液的流变性、提高环空综合雷诺数来增大旋流扶正器的间距变得非常困难，这种做法增大了工作量，却又很难获得比较理想的效果。但可以通过提高排量的途径来获得更大的旋流扶正器间距，具体见表 5.2。因此，如果要提高旋流扶正器的导流能力，需要在注水泥施工前降黏度和剪切力，提高顶替液的动切力，使顶替液性能满足条件式 $\tau_m \leqslant 1.81\tau_o$。当钻井液黏性切应力调整受限、而顶替液的动切力难以提升时，则需要根据地层承压能力和机泵能力，尽可能提高施工排量，获得更有效的旋流扶正器导流效果，增大旋流扶正器间距。

表 5.2　宾汉流体流变性与排量对旋流扶正器间距的影响

影响因素	τ_m /Pa	η /(Pa·s)	YP /Pa	D_o /m	D_i /m	D /m	h_c /m	Q /(m³/s)	u_{av} /(m/s)	ρ /(kg/m³)	Re_b	θ /(°)	ϕ_h	$Z_{x max}$ /m
η	5.60	0.18	3.00	0.25	0.18	0.07	0.04	1.98	1.34	1977.00	966.74	45.00	0.92	4.85
	5.60	0.16	3.00	0.25	0.18	0.07	0.04	1.98	1.34	1977.00	1079.91	45.00	0.92	4.89
	5.60	0.10	3.00	0.25	0.18	0.07	0.04	1.98	1.34	1977.00	1664.43	45.00	0.92	4.95
	5.60	0.07	3.00	0.25	0.18	0.07	0.04	1.98	1.34	1977.00	2167.15	45.00	0.92	4.92
	5.60	0.05	3.00	0.25	0.18	0.07	0.04	1.98	1.34	1977.00	2676.05	45.00	0.92	4.83
YP	5.60	0.18	1.50	0.25	0.18	0.07	0.04	1.98	1.34	1977.00	1018.57	30.00	0.92	1.73
	5.60	0.18	2.00	0.25	0.18	0.07	0.04	1.98	1.34	1977.00	1000.69	30.00	0.92	2.13
	5.60	0.18	2.50	0.25	0.18	0.07	0.04	1.98	1.34	1977.00	983.42	30.00	0.92	2.80
	5.60	0.18	3.00	0.25	0.18	0.07	0.04	1.98	1.34	1977.00	966.74	30.00	0.92	4.85
	5.60	0.18	3.50	0.25	0.18	0.07	0.04	1.98	1.34	1977.00	950.62	30.00	0.92	3.16
Q	5.60	0.18	3.00	0.25	0.18	0.07	0.04	1.08	0.73	1977.00	486.09	45.00	0.92	3.36
	5.60	0.18	3.00	0.25	0.18	0.07	0.04	1.38	0.94	1977.00	645.24	45.00	0.92	3.92
	5.60	0.18	3.00	0.25	0.18	0.07	0.04	1.98	1.34	1977.00	966.74	45.00	0.92	4.85
	5.60	0.18	3.00	0.25	0.18	0.07	0.04	2.28	1.55	1977.00	1128.33	45.00	0.92	5.26
	5.60	0.18	3.00	0.25	0.18	0.07	0.04	2.70	1.83	1977.00	1355.06	45.00	0.92	5.79

经过大量的计算可知,旋流扶正器的安装间距一般为 10m 以内,因此,在条件允许的情况下,建议每一根套管安装一个旋流扶正器,这样可以大幅度提高螺旋流顶替效果,这也与室内实验数据相吻合。

本节的旋流扶正器井下间距计算公式适用于井况正常的情况,实际使用中还应考虑如下几方面的情况。

(1)井壁的稳定性。如果井壁存在易塌层段,为了安全起见,在易塌井段以下需减少旋流扶正器安装数量。但因井塌导致井眼扩大较大,往往存在所谓的"大肚子",严重影响顶替效率。而螺旋流顶替对井眼扩大段具有非常好的顶替效果,笔者在做博士后科研工作期间进行了大量的实验得以证实。因此,可考虑在紧邻井眼扩大处的台肩上游附近安装旋流扶正器,这样既可以更好地通过旋流扶正器扶正套管,也可以实现螺旋流顶替以减少井扩处涡流对顶替的影响,改善不规则段的顶替效果(具体论述见第 6 章)。另外,这种安装还有一个优点:在注水泥施工前,上段井壁掉块堵塞流道时,可以用最短距离将装有旋流扶正器的套管段上提进入井眼扩大段,尽快重新建立循环。为了尽可能避免上段井壁在注水泥施工时掉块发生,不宜使用大排量替浆。对于易漏地层一定要防止压漏地层,螺旋流场的压降值比同等施工条件下的轴向流场压降值偏大。

(2)旋流扶正器的结构设计与选用需遵循第 4 章研究确定的准则,在保证安全的前提下,下入与高效导流兼顾。

(3)旋流扶正器的井下实际固位是否符合间距设计要求,将直接影响到实际使用效果。为了使旋流扶正器能按照间距设计要求安装,可通过固定止动环将旋流扶正器固定在套管上,或通过加装短套管相对固定旋流扶正器的位置,或将旋流扶正器的两端设计成螺纹接头实现与套管连接。

根据前面分析,注水泥顶替施工既要考虑固井质量的需要,又要考虑施工安全和作业成本的需要,往往不能实现全井段螺旋流顶替,因此,同一井次注水泥施工往往是螺旋流顶替与轴向流顶替同时存在。根据前人研究成果,轴向流顶替以紊流流态顶替效果为最佳,其次为塞流、有效层流。紊流顶替往往需要增大施工排量,提高环空返速,而这也是旋流扶正器获得较好导流效果、增大其井下间距值的途径。因此,在注水泥顶替施工设计时先按轴向流紊流顶替进行施工设计,当不能实现紊流顶替时,尽可能采用较高速的有效层流顶替,因为低速塞流顶替旋流扶正器的导流效果较差,并在此基础上计算旋流扶正器安装间距,再进一步校核流动压降。在条件许可的情况下,进一步提高排量,提高紊流度,提高旋流扶正器的导流效果。当地层条件不允许,只能使用低速顶替时,不建议安装旋流扶正器。

5.1.3　应用示例

例 1　某井封固段长为 2000m,拟使用旋流扶正器提高顶替效率。已知顶替液密度为 1977kg/m³,流性指数 n 为 0.45,稠度系数 K 为 0.36Pa·s^n,井径为 0.216m,套管直径为 0.1397m,水泥浆流量为 0.028m³/s,旋流扶正器导流角为 45°,叶片有效高度系数为 0.92,钻井液静切力为 2Pa,求旋流扶正器间距和使用旋流扶正器时螺旋流场流动压降,并与直流流场压降比较。

解:计算步骤如下。

(1)计算旋流扶正器最大间距。

根据已知条件,运用式(5-16)计算,旋流扶正器最大安装间距为 8.01m;理论下入扶正器数量为 250 个。但考虑到实际套管长,实际下入为每根套管安装一个旋流扶正器,2000m 长的井封固段总共下入 200 个扶正器。

(2)先计算两个旋流扶正器理论间距内螺旋流场流动压降。

根据式(3-25),可计算两个旋流扶正器之间环空流场流动压降为

$$\Delta p_c = \gamma h_{fx} = 0.014 \text{MPa}$$

则螺旋流场段压降为

$$\Delta p = 0.014 \times 200 = 2.80 (\text{MPa})$$

(3)不加旋流扶正器压降计算。

此时,h_{fx} 计算式中 θ 为 0,8.01m 环空段流体流动压降 Δp_z 计算值为

$$\Delta p_z = \gamma h_{fx} = 0.0127 \text{MPa}$$

1602m(200×8.01=1602m)环空段流体流动压降为

$$\Delta p_z = 0.0127 \times 200 = 2.54 (\text{MPa})$$

压降增加值为 0.26MPa(当量密度近似增加 0.016g/cm³)。

例 2　顶替液密度为 2000kg/m³,动切力为 2.31Pa·s,塑性黏度为 0.089Pa·s,井径为 0.2159m,套管直径为 0.146m,水泥浆流量为 1.9m³/min,旋流扶正器叶片角为 45°,叶片有效高度系数为 0.92,钻井液静切力为 3Pa,封固段长 2000m,求安装旋流扶正器间距、螺旋流场流动压降值,并与不加旋流扶正器流场压降进行比较。

解: 按例 1 同样步骤求解。

(1) 计算旋流扶正器最大间距。

因 $\tau_{m} \leqslant 1.81\tau_{o}$,计算旋流扶正器间距使用式(5-30),旋流扶正器最大安装间距为 5.14m。

(2) 根据(1)计算结果,2000m 内按每根套管(即 10m)安装一个扶正器,总共安装 200 个旋流扶正器。

(3) 2000m 螺旋流场压降。

先计算两个旋流扶正器间环空流场流动压降:根据式(3-27),可计算两个旋流扶正器之间环空流场阻力损失为

$$\Delta p_{c} = \gamma h_{fx} = 0.01\text{MPa}$$

因此,200 个旋流扶正器产生的螺旋流场压降值为

$$\Delta p = 200\gamma h_{fx} = 2.0(\text{MPa})$$

(4) 不加旋流扶正器压降计算。

此时,h_{fx} 计算式中 θ 为 0,则 5.14m 环空段流体流动压降 Δp_{z} 计算值为

$$\Delta p_{z} = \gamma h_{fx} = 0.007\text{MPa}$$

因此,200 个旋流扶正器间距长直流流场压降值为

$$\Delta p = 200\gamma h_{fx} = 1.40(\text{MPa})$$

(5) 计算压降增加值。

压降增加值为 0.60MPa(当量密度近似增加 0.056g/cm³)。

从示例可以看出,旋流扶正器对流场的压降影响较大,因此,现场使用旋流扶正器必须对其足够重视,不可将其忽视。

5.2　本 章 小 结

本章推导了旋流扶正器井下安放间距理论计算公式,公式考虑了顶替液的壁面周向剪切驱动力和被顶替液的壁面剪切阻力两个方面的因素,该公式克服了以往仅依据旋流轴向波及长度设计理论的不足。由旋流扶正器井下间距公式分析和计算结果可得出以下结论。

(1) 在条件许可的情况下,通过降低钻井液静切力,尽可能提高施工排量等措施,可以有效地增大旋流扶正器井下间距。

（2）改善顶替液的流变性，如提高幂律流体的流性指数 n 值，或降低宾汉流体的塑性黏度，可以提高环空综合雷诺数，增加旋流波及长度。但流变性的改善同时降低了稠度值或动切力值，导致顶替液周向剪切驱动力并未获得提高，从而使旋流扶正器的安装间距受到影响。因此，以往仅根据旋流轴向波及长度来确定旋流扶正器的安装间距是不合理的。

（3）对于宾汉流体，当被顶替液静切力小于或等于 1.81 倍顶替液的动切力值时，近井壁被顶替液很容易被替净，此时旋流扶正器间距按式（5-30）计算，可以增大旋流扶正器间距；当被顶替液静切力大于 1.8 倍顶替液的动切力值时，安装旋流扶正器实现螺旋流顶替可以提高顶替效率和近井壁被顶替液，此时旋流扶正器的间距设计按式（5-31）进行计算，该公式可以用以指导顶替液为宾汉流体情况下旋流扶正器间距设计。旋流扶正器间距公式的建立为顶替液和被顶替液的流变性的调整和注水泥施工排量的设计提供了依据。

（4）旋流扶正器安装间距一般不大于 10m，因此，在固井质量要求高、地质条件和机泵能力允许的情况下，建议每根套管安装一只旋流扶正器，尤其在目的层段及以下层段应按此设计使用。

（5）"螺旋流＋轴向流紊流"顶替技术，配套以足够大的顶替液动切力［满足条件式（5-30）］，是提高顶替效率的有效措施。

（6）旋流扶正器的下入与安放还要根据实际井况进行作业。对于易塌地层，注意掉块堵塞旋流扶正器流道，宜将旋流扶正器安装在紧邻井扩段台肩上游附近位置；旋流扶正器下入时，注意导叶刮擦井壁使岩屑堵塞流道，可通过科学设计、选用合理结构的旋流扶正器实现充分导流和安全下入；通过利用止动环等措施对旋流扶正器固位，确保旋流扶正器按设计要求安放，提高旋流扶正器的实际使用效果。

第6章 顶替实验研究

由于固井注水泥顶替工作液为复杂的非牛顿流体,且两相液体的顶替过程非常复杂。现有理论研究均进行了大量的假设简化,其分析结果未必完全符合井下实际情况,一些结论难以用于指导现场施工。利用室内的顶替模拟实验研究顶替规律,对完善顶替机理和指导注水泥施工有着重要的作用。

6.1 注水泥顶替实验技术的发展

国内外学者进行了大量的固井注水泥顶替室内实验。顶替实验装置有两种,一种是根据井下实际井眼和套管尺寸进行全尺寸模拟;第二种是根据几何相似原理按一定比例缩小,进行小尺寸模拟。实验介质为不同性能的钻井泥浆和水泥浆,以及通过配制与井下流体性能相近的液体。对顶替效果的评价方法也多样,所采用的实验方法各有优缺点。本章先对注水泥顶替实验技术与方法研究现状的调研成果进行了介绍,在此基础上,进一步介绍了改进的顶替实验方法。

6.1.1 顶替实验装置与顶替实验方法

两相液体的顶替过程是一个非常复杂的问题。理论研究中往往对许多因素进行大量的简化,其研究结果未必完全符合井下实际情况和满足施工要求。因此,采用模拟实验装置,研究两种非牛顿液体的顶替规律,对进一步完善顶替机理和指导生产实际有着重要的作用。

对国内外曾用过的顶替实验装置进行文献研究和实地调研。总体上,国内的顶替实验装置是在国外顶替实验装置的基础上研制的,且以西南石油大学与大庆石油管理局钻井工程技术研究院为代表[1]。

(1)动态模拟激光测速实验装置。

由西南石油大学研制的动态模拟激光测速实验装置,其模拟井筒与套管组合为95mm×50mm,井筒高度为8m,套管偏心度可以任意改变。采用激光测速仪及U形管微压力计测量液体在偏心环形空间的流速及压力。实验采用水解聚丙烯酰胺水溶液配制成与水泥浆、钻井液流变性能相似的液体,具有较好的透明度,便于激光测速。它的井筒为有机玻璃,采用 U 形管微压力计测压。

(2) 动态模拟注水泥顶替实验装置。

在上述实验装置基础上,加长井筒长度至 15.5m。采用核辐射密度仪连续测量注水泥过程中环形空间某一截面宽、中、窄隙浆体的射强和密度的变化情况,测试系统为无接触测量,由核辐射密度计、光线记录示波器等组成。射源及探头分别装在套管内面和井筒外面。探头装在宽、中、窄三个位置。并用式(6-1)计算出水泥浆的顶替效率:

$$\eta = \frac{\rho' - \rho_m}{\rho_c - \rho_m} \qquad (6\text{-}1)$$

式中,ρ' 为水泥浆顶替过程所测环空截面浑浆的密度;ρ_m、ρ_c 分别为钻井液和水泥浆的密度。

(3) 全尺寸注水泥顶替实验装置。

大庆石油管理局钻井工程技术研究院研制的全尺寸注水泥顶替实验装置,其模拟井筒与套管组合为 224mm×139.7mm,井筒高度为 12m,并考虑渗透地层、井径变化和前置液对顶替效率的影响。套管偏心可以任意改变,测量部分可改变井径或替换渗透性井筒。应用声幅测井检测与采取水泥环凝固后切片分析相结合的方法来全面评价注水泥顶替效率。根据实际结果研究液体流态、环空返速、套管偏心、钻井液与前置液及水泥浆性能、地层渗透性、井径变化等因素对顶替效率的影响。

(4) 荧光示踪法动态注水泥模拟实验装置。

西南石油大学借鉴国外 Jakobsen 等[149]的荧光示踪法建立了荧光示踪法动态注水泥模拟实验装置。该装置主要研究大斜度及水平井注水泥顶替规律,井筒有效长度为 1.9m,井筒与套管组合为 50mm×20mm,井斜变化范围为 0°~90°,套管偏心可以任意改变。测试系统由方盒、带缝栅板、强光摄影灯、照相机等组成。在配制的透明液中加入适量的荧光介质,在顶替过程中通过高速摄像记录顶替过程,可将摄像机摄制的图像进行数字化处理,并将环空宽、中、窄间隙面积中图像的单元光强值累加,从而获得瞬时顶替效率值。

(5) Sairam 等[150]利用出水口分流片对宽、窄间隙流体进行分流,对其分别使用电子秤实时称重,根据称量的宽、窄间隙质量流率评价顶替界面的运移状态和顶替效果。

6.1.2　评价

全尺寸模拟理论上更符合真实的顶替,但所需人员多,耗时长,成本高,灵活性差,难以变换环空结构,因此实验结果难以得到推广应用。国内西南石油大学的大尺寸顶替实验装置和大庆石油管理局钻井工程技术研究院的全尺寸顶替实验装置现已经废弃。

相似模拟法因其成本低,灵活性好,只要严格遵守相似准则,也能达到全尺寸实验装置的效果。鉴于井内条件的复杂性,并考虑到影响顶替效率的主要因素,相似法有其优越性和可行性。

顶替实验中更加关心的是测试参数和测试方法,二者直接影响到实验结论的价值。从调研的情况获知,两相流顶替测试采用候凝切片法、核辐射密度计法和荧光示踪法,还通过测试单相流的流速剖面来间接推断顶替界面的运移和顶替效果。这些方法中,单相流的实验方法以单相流的流动代替两相流的顶替流动,得出的结论缺乏物理事实依据,实际的两相顶替流流速剖面与单相流相差甚远,因此,其结论对流变性设计指导意义不大。以候凝后测得的环空横截面顶替液所占整个环空面积的比例来评价顶替效率,该方法所需测试时间长,操作复杂,且因注水泥后环空浆体存在二次调整的过程,所测得的截面顶替效率受浆体自身密度、环空结构、井下工况等多种因素的影响,不能准确反映实际动态施工参数对其的影响,因此,该方法存在一定的局限性。采用荧光示踪法测得动态的顶替界面,该方法在界面比较清晰的情况下可以较好的测试,但井下环空浆体界面附近的浆体是一过渡段,浆体间掺混剧烈,且据以往理论研究,顶替液与被顶替液存在逆向对流运动,这些因素会严重影响顶替界面的测试精确度。另外,该方法还受浆体透明度、示踪剂的感光性等影响,实验误差较大。核辐射密度计法通过测试环形截面混浆密度变化来反映顶替效率,理论上可行,但因其存在潜在的核辐射污染,实验时安全性难以得到保障,不建议使用。Sairam 等[150]通过称取宽、窄间隙的质量流率,以此评价顶替界面的运移状态和顶替效果,理论上可行,操作简单。

总体上,顶替实验装置对不规则井眼考虑较少。不规则井眼段对其下游的影响的实验方法也没有相关研究。

6.2　顶替实验方法与顶替装置设计

在对以往实验方法与实验装置调研和理论分析的基础上,本节研发了一套新型顶替实验装置。

6.2.1　顶替效率实验方法

分析认为,顶替效率的提高,以宽、窄间隙顶替界面均匀推进为前提,要求宽、窄间隙流速尽可能接近,这在理论上有一些讨论,但研究结论都是对影响因素进行大量的简化得出,这方面的研究很不成熟,需要一定的实验手段进行深入研究。现有的实验也多以单相流动为研究对象,与实际有一定出入。

本节研究的两相顶替流动实验,考虑了井眼不规则和规则的情况。在前人研究的基础上,参考 Sairam 等[150] 的实验方法改进了顶替实验方法,用以研究影响不规则段的顶替流动和宽、窄间隙顶替界面均匀推进的因素及其规律。具体实验方法如下。

对于不规则段,使用高速摄像法,记录顶替过程,在用摄像法记录不规则段替净所需时间的基础上,结合顶替排量,计算替净所需顶替体积量 β,以此评价对不规则段的顶替效果。顶替体积量 β 的计算式为

$$\beta = \frac{Qt}{V} \qquad (6\text{-}2)$$

式中, Q 为顶替排量,m^3/s;t 为替净所需时间,s;V 为不规则段容积,m^3。

对于下游规则段,通过测量宽、窄间隙单位面积质量流率,即质量流速,计算其质量流速比,以此反映顶替界面运移状态来评价顶替效果。

6.2.2　顶替实验装置设计

1. 环空尺寸设计

根据现场常用深井环空结构,设计装置模型的相似比具体见表 6.1。

表 6.1　顶替实验装置环空几何相似比

规则井眼环空 (钻头尺寸×套管尺寸)/mm	相似比	裸眼段存在扩大的环空/mm	相似比
215.9×177.8	0.82	266.7×139.7	0.72
149×127	0.65	184×127	0.69
165.1×139.7	0.85	258.7×139.7	0.54
241.3×193.7	0.80	215.9×146.1	0.68

固定外管内径为 100mm,考虑到装置加工的难易程度以及实验数据的精度,本节按相似比 0.7 和 0.5 设计二种环空结构进行实验,即内管尺寸分别为 70mm 和 50mm。

2. 管长设计

管长设计要考虑流体流态稳定性要求和观测的要求。

(1) 管长设计要满足流态稳定的要求。为了更大程度地使流体稳定,按 $L/D \geqslant 20$(L 为管长,D 等于外管内径 D_o 与内管外径 D_i 之差)设计管长。根据上述环空尺寸,最大水力直径为 50mm,则 $L \geqslant 1000$mm,设计稳定段为 1m。

(2) 有效观测段的要求包括不规则段和下游规则段。设计不规则段长度为 0.5m,下游规则段长度为 1m,另附加螺旋流顶替时安放旋流扶正器的长度为 0.2m。

综上,井筒总长设计为 2.7m。

6.2.3　顶替装置结构

顶替装置的主体结构,即循环系统由配浆罐、井筒、电潜泵、注替管线、出水管线、计量筒、储液罐等组成,如图 6.1 和图 6.2 所示。

该装置井架设计为自动起降式,便于更换内管等操作,也可降低装置对空间高度的要求;升降系统还可用以调整井斜角。使用衡重器测量宽、窄间隙流体质量,数据可全自动采集,利用高速摄像法观测不规则段的顶替过程。

图 6.1　顶替实验装置后视图(左)和侧视图(右)

图 6.2　顶替实验装置前侧视图(左)和分流盒实物图(右)

6.2.4　对顶替实验装置的评价

本实验装置具有以下优点。

(1)实验方法科学。从环空两相顶替流的本质出发,实验观测宽、窄间隙质量流速,以此反映顶替界面的平缓程度。宽、窄间隙质量流速比越接近1,则顶替界面越平缓,即顶替是均匀推进的,不发生顶替液的窜流或被顶替液的滞留;结合对透明段摄像法直观观测顶替过程,可以计算替净单位体积被顶替液所需顶替量。这两种方法配合使用,相互印证评价,使实验结论更为可靠,且避免了单一使用激光测速仪、荧光剂与高速摄像法、候凝切片法等观测顶替流速剖面或顶替界面受实验介质透明度、示踪剂的跟踪效果、顶替界面的不清晰,以及候凝过程中顶替界面二次调整的影响。

(2)实验操作简单,采集数据方便、可靠。通过测取宽、窄间隙流道的质量流率,可很方便地算出宽、窄间隙质量流速,宽、窄间隙流体质量可由计算机直接采集,数据稳定、可靠(图 6.3)。这比以往的激光测速仪、荧光剂与高速摄像法、候凝切片法等方法操作简单,精确度更高。

(3)安装、拆卸、套管居中度调节方便。井架可以实现自动升降,为装置的拆装提供方便。通过分流片辅助调整套管居中度,精确计算套管居中度和宽、窄间隙流道面积,大大提高了宽、窄间隙流道质量流速的计算精确度。

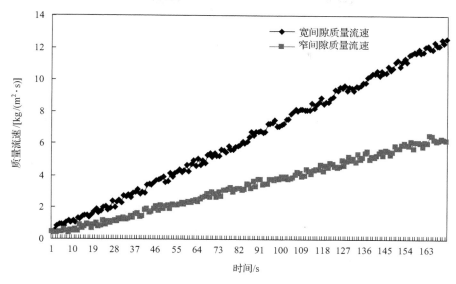

图 6.3　宽、窄间隙质量流速

环空平均流速为 0.54m/s，环空结构为 100mm×50mm，偏心度为 25.51%，扩大率为 40%

6.3　顶替实验研究

6.3.1　实验介质设计

使用四川凯尔油气田技术服务公司研制开发的固井用前置液防稠化剂 KR 系列和重晶石配制不同性能的液体，模拟注水泥过程的顶替液和被顶替液。为便于摄像记录，将顶替液配制成乳白色、被顶替液配制成红色，共设计 8 种实验介质，见表 6.2。

表 6.2　实验介质设计

液体序号	密度 /(g/cm³)	流变读值/格						n	K /(Pa·s^n)	η /(Pa·s)	τ /Pa	τ_0/η_s
		600 /(r/min)	300 /(r/min)	200 /(r/min)	100 /(r/min)	6 /(r/min)	3 /(r/min)					
1#（被顶替液）	1	50	35	27	16	4	1	0.71	0.21	0.03	3.32	110.67
2#	1	111	70	53	34	6	4	0.66	0.60	0.05	8.17	151.4
3#	1	65	40	32	20	4	3	0.63	0.40	0.03	5.11	170.33
4#	水	—	—	—	—	—	—					

| 液体序号 | 密度/(g/cm³) | 流变读值/格 | | | | | | n | K/(Pa·sⁿ) | η/(Pa·s) | τ/Pa | τ_0/η_s |
		600/(r/min)	300/(r/min)	200/(r/min)	100/(r/min)	6/(r/min)	3/(r/min)					
5#	1.26	145	94	71	46	8	5	0.65	0.84	0.07	11.24	160.57
6#	1.17	150	94	70	45	7	5	0.67	0.73	0.07	10.47	149.57
7#	1.13	150	95	70	45	8	5	0.67	0.70	0.07	10.22	146
8#	1.11	45	30	26	13	4	2	0.76	0.13	0.02	2.30	115

6.3.2 实验步骤

实验可分为如下 8 个步骤。

（1）配制好顶替液后，注入被顶替液直至充满整个环空，关闭被顶替液进口阀。

（2）关闭出水阀门，并将电子秤除皮。

（3）打开质量计监测软件，做好数据监测准备工作，并利用摄像机做好拍摄透明不规则段摄像准备。

（4）调节排量调节阀门，设定注替排量。

（5）启动顶替泵，打开顶替液进水阀门，顶替开始，数据监测软件开始记录质量数据；同时摄像机连续记录透明不规则段顶替过程。

（6）顶替完毕后，关闭顶替泵，关闭数据监测软件和摄像机。

（7）打开计量桶出水口阀门，清空计量桶液体。

（8）排除环空剩余液体，准备下次实验。

6.3.3 实验结果与分析

使用旋流扶正器导流实现螺旋流顶替技术也会受施工安全和成本的限制，旋流扶正器井下使用的数量有限，旋流强度衰减的问题导致螺旋流顶替最后转为轴向流顶替方式。因此，注水泥施工设计时还需要结合轴向流顶替进行设计。轴向流顶替实验和理论研究较多，但对不规则段顶替及不规则段对其下游的影响研究较少。为此，本次研究对轴向流顶替和螺旋流顶替都进行了实验。

1. 轴向流顶替

进行套管偏心度、井眼扩大率、井眼环空结构、顶替液和被顶替液的密度差与流变性、环空流速与流态等方面对顶替效果的影响实验,实验数据见附表 2～附表 5。

1) 套管偏心度的影响

由图 6.4、附图 2 和附图 4 可知,随着套管偏心度增大,不规则段顶替量增加,下游规则段宽窄间隙质量流速比 α 增大,在套管偏心度为 41.67% 时表现非常明显。从所有的顶替实验结果可看出,偏心度为影响不规则段顶替效率的最主要的因素。本次研究中偏心度增加到 41.67%,窄间隙的被顶替液非常难被替净。因此,套管偏心度不能大于 40%,这与 Wilson 和 Sabins[151] 的研究结论基本一致。

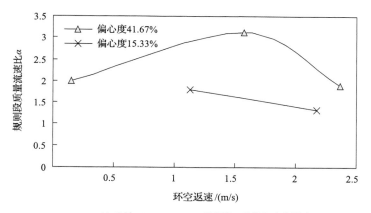

(a) 环空 100mm×70mm 规则段 α 受偏心度的影响

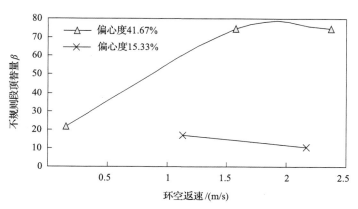

(b) 环空 100mm×70mm 不规则段 β 受偏心度的影响

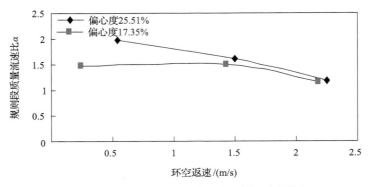

(c) 环空100mm×50mm规则段 α 受偏心度的影响

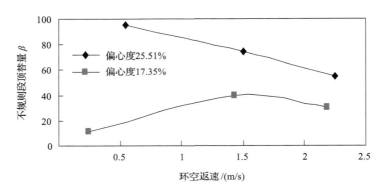

(d) 环空100mm×50mm不规则段 β 受偏心度的影响

图 6.4　套管偏心度对顶替效果的影响

2# 顶替 1#,不规则段扩大率 40％

2) 井眼扩大率的影响

以环空 100mm×70mm、偏心度 15.33％顶替实验为例。由图 6.5 可知,随着井眼扩大率的提高,不规则段替净相同体积被顶替液所需顶替量 β 值提高,宽、窄间隙质量流速比 α 增大。井眼不规则不仅对不规则段本身的顶替产生影响,在一定流速情况下,还对下游一定距离范围内顶替界面的稳定产生一定的影响。因此,井眼扩大率的提高会增加替净难度,这也是提高不规则度导致固井质量降低的原因。

3) 井眼环空结构的影响

以环空 100mm×70mm、偏心度 15.33％、不规则段扩大率 40％和环空 100mm×50mm、偏心度 17.35％、不规则段扩大率 40％为例,对 3# 顶 1#、2#

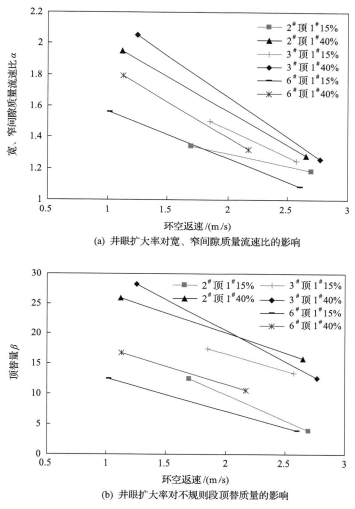

(a) 井眼扩大率对宽、窄间隙质量流速比的影响

(b) 井眼扩大率对不规则段顶替质量的影响

图 6.5　井眼扩大率对顶替效果的影响

环空 100mm×70mm、偏心度 15.33%,图中百分数为井眼扩大率

顶 $1^{\#}$、$6^{\#}$ 顶 $1^{\#}$ 的实验数据进行综合分析。由图 6.6(a)可知,在偏心度接近、井扩率相同的情况下,下游规则段中内外径比大的环空间隙比内外径比小的 α 值偏大,说明环空顶替界面的间隙越小,越难以实现均匀平缓推进,越容易发生顶替液窜流。所以,小间隙井眼需要更好的套管居中度来减小因套管不居中带来的替净难度。但由图 6.6(b)数据可知,内外径比越大,环空间隙越小,

不规则段 β 越小,越容易被替净。这可解释为内外径比大,环空间隙小,井眼扩大减小了窄间隙的流动阻力;而内外径比小,环空间隙大,不规则段流速减幅较大,驱替能力弱,导致替净难度加大。因此,可以推断小间隙环空的扩眼有利于提高顶替效率。

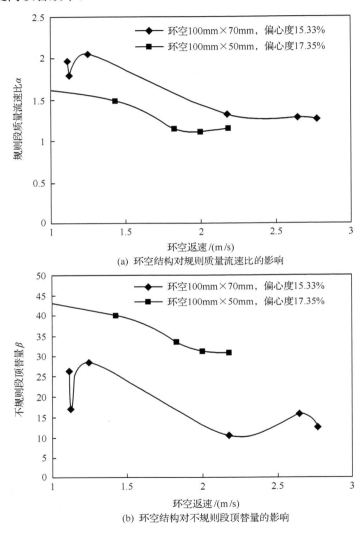

(a) 环空结构对规则质量流速比的影响

(b) 环空结构对不规则段顶替量的影响

图 6.6　环空结构对顶替效果的影响

实验介质为 3# 顶 1#、2# 顶 1#、6# 顶 1#;不规则段扩大率 40%

4) 顶替液与被顶替液密度差的影响

实验介质 5#、6# 和 7# 为顶替液，其密度分别为 $1.26g/cm^3$、$1.17g/cm^3$、$1.13g/cm^3$，三种流体流变性能相近，与 1# 被顶替液的密度差分别为 $0.26g/cm^3$、$0.17g/cm^3$、$0.13g/cm^3$，其结果见图 6.7 和不规则段摄像截图（附图 1～附图 11）。分析可知，密度的影响比较复杂，对于环空间隙较大（环空 $100mm\times50mm$）的情况，密度差的增大对不规则段和下游规则段的顶替都有改善的作用［图 6.7(a)，附图 1，附图 2，附图 9］。但对于环空间隙较小（环空 $100mm\times70mm$）、偏心度较大（偏心度 41.67%）的井眼，低速顶替时（顶替速度在 1.0m/s 以下），提高密度差对规则段和不规则段的顶替都有好的效果；随着流速增大（流速增大到约 1.0m/s 以上），无论是较大偏心度还是较小偏心度的环空，密度差的提高并没有改善顶替效果，而是降低不规则段和下游规则段的顶替效果［图 6.7(b)，图 6.7(c)，附图 3～附图 8，附图 10～附图 11］。分析认

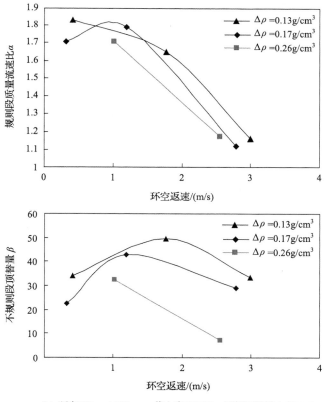

(a) 环空100mm×50mm，偏心度17.35%，不规则段扩大率40%

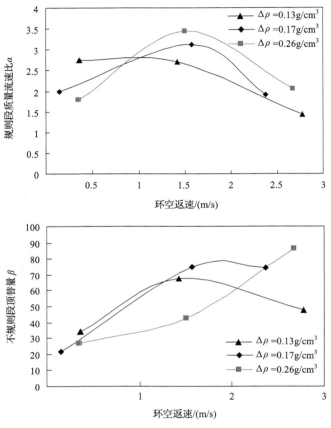

(b) 环空100mm×70mm，偏心度41.67%，不规则段扩大率40%

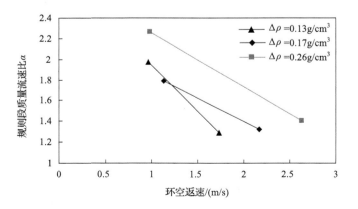

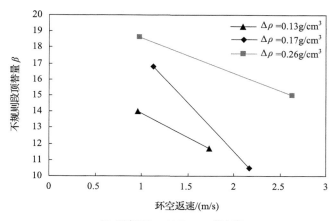

(c) 环空100mm×70mm，偏心度15.33%

图 6.7　密度差对顶替效果的影响

为,低速顶替,增大密度差,浮力效应能够很好地起到辅助顶替界面平缓推进的作用;而对于环空间隙较小的环空,提高环空返速时顶替液更容易窜流,高密度差导致顶替液窜流后倒转,窄间隙的被顶替液很容易被包卷在顶替液当中。因此,对于环空间隙较大、偏心度较小的情况,提高密度差较容易实现顶替界面均匀平缓推进,有利于提高顶替效率;而对于小间隙的井眼环空,适合采用高密度差配合小于 1.0m/s 的低速顶替技术。

5) 流变性的影响

对所有的顶替液与被顶替液密度差为 0 的实验结果(2#顶替 1#,3#顶1#,4#顶 1#)进行分析,即不存在浮力的影响。由实验结果数据可知,当环空返速在 1.5m/s 以上时,对于规则段和不规则段,顶替液流变性越好其顶替效果越好。而环空返速低于 1.0m/s 时,不同井况的顶替液流变性的影响不一样。对于环空 100mm×50mm,偏心度为 17.35%的井况,规则段和不规则段的结果都是 2#高黏度、高动塑比的顶替液顶替效果最好[见图 6.8(a)];对于此种环空结构、偏心度 25.51%,不规则段扩大率 40%的井况,规则段和不规则段的结果都是流变性居中的 3#顶替液顶替效果相对较好[见图 6.8(b)];对于环空 100mm×70mm,偏心度 41.67%,不规则段扩大率 40%的井况,规则段和不规则段的结果也是流变性居中的 3#顶替液顶替效果最好[见图 6.8(c)]。因此,在井况较好、地层承压能力和机泵能力允许的情况下,选择流变性较好的顶替液实现高流速顶替,都会获得较好的顶替效果;对于易漏易跨地层,只能

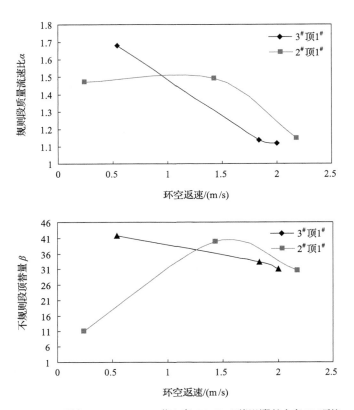

(a) 环空100mm×50mm，偏心度17.35%，不规则段扩大率40%顶替

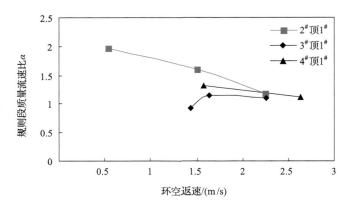

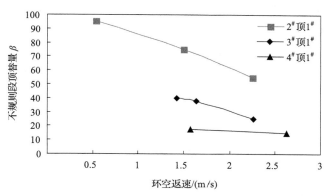

(b) 环空100mm×50mm，偏心度25.51%，不规则段扩大率40%顶替

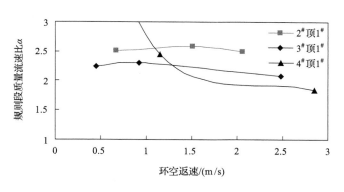

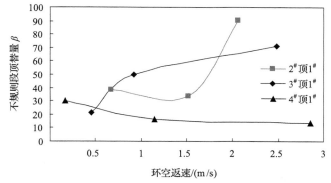

(c) 环空100mm×70mm，偏心度41.67%，不规则段扩大率40%顶替

图 6.8　流变性对顶替效果的影响

实行低速顶替时,则需要根据环空间隙大小和套管居中度选择流变性适宜的顶替液。对于偏心度较大的井况(本次研究中偏心度大于等于 25.51%),选择具有一定黏度的顶替液的顶替效果较好,流变性能与被顶替液相近为佳;而对于套管偏心度较小的井况,则适合选用黏度大于被顶替液的顶替液进行顶替。因此,现场施工在使用高黏隔离液时,配合一定量的较稀后置冲洗液进行大排量冲洗是较为合理的,尤其是在偏心度较大的情况下尤应如此。

6)环空流速与流态的影响

偏心度为 15.53%、17.35% 和 25.51% 时(见图 6.9),在环空返速小于 1.0m/s 的情况下,随着流速的增大,即使达到了紊流流态,规则段宽窄间隙质量流速比 α 总体上还是增大的,该流速区间下的顶替不利于形成平缓均匀的顶替界面。随着环空返速的增大(大于 1.0m/s),规则段宽窄间隙质量流速比 α 减小,当环空返速大于 1.50m/s 时,宽窄间隙质量流速比 α 趋于稳定,并接近 1。因此,环空流速达到 1.50m/s 的紊流顶替能有效地驱替宽、窄间隙的被顶替液。而当套管偏心度达到 40% 以上时,宽窄间隙质量流速比 α 较大,且在流速约小于 1.70m/s,随着流速的增大,宽窄间隙质量流速比 α 也增大。只有流速大于 2.50m/s 左右的时候,宽窄间隙质量流速比 α 才减小到 2 左右。因此,较大套管偏心度的情况一般很难获得比较理想的顶替效果。

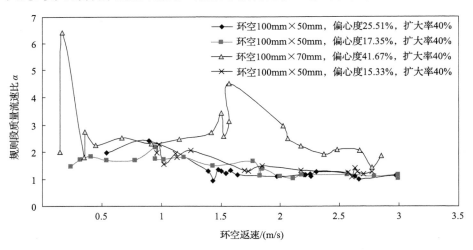

图 6.9　规则段宽窄间隙质量流速比 α 随流速变化

2. 螺旋流顶替

考虑刚性旋流扶正器可以有效提高套管居中度,尤其在直井中的效果更为明显。因此,螺旋流顶替与轴向流顶替对比实验只在不同环空结构套管偏心度较小的情况下进行。实验结果见表 6.3～表 6.5 和图 6.10。

表 6.3　环空为 100mm×70mm,扩大率为 15%,偏心度为 15.33%的螺旋流顶替

序号	顶替序列	$\Delta\rho$ /(g/cm³)	$\bar{v}_a$ /(m/s)	$\bar{v}_0$ /(m/s)		β	α
				宾汉流体	幂律流体		
1	3#顶1#	0	1.62	1.05	0.89	10.8	1.5
			2.97			8.5	1.11
2	2#顶1#	0	1.25	1.33	1.26	13	1.4
			2.35			5.9	1.04
3	6#顶1#	0.17	1.28	1.45	1.44	7.8	1.14
			1.60			5.9	1.0

注:$\bar{v}_a$ 为环空平均流速;$\bar{v}_0$ 为环空临界返速;α 为宽窄间隙流率比;β 为不规则段替净所需顶替量;$\Delta\rho$ 为密度差。

表 6.4　环空为 100mm×70mm,扩大率为 40%,偏心度为 15.33%的螺旋流顶替

序号	顶替序列	$\Delta\rho$ /(g/cm³)	$\bar{v}_a$ /(m/s)	β	α
1	3#顶1#	0	0.90	18	1.43
			1.55	14.7	1.42
2	2#顶1#	0	0.70	18.2	1.51
			1.60	12	1.46
3	6#顶1#	0.17	1.75	12.9	1.28
			2.31	11.3	1.16

表 6.5　环空为 100mm×50mm,扩大率为 40%,偏心度为 17.35%的螺旋流顶替

顶替实验序号	顶替序列	$\Delta\rho$ /(g/cm³)	$\bar{v}_a$ /(m/s)	β	α
1	3#顶1#	0	0.59	40	1.07
			1.20	11	1.18
2	2#顶1#	0	0.51	26	1.50
			1.06	8	1.10
3	6#顶1#	0.17	0.35	19	1.67
			1.57	11	1.11

顶替时间: 0s   2s   5s   7s   9s   11s

(a) 环空为100mm×50mm，偏心度为17.35%，扩大率为40%，
实验介质为6#顶1#(密度差0.17)，环空返速为0.35m/s

顶替时间: 0s   2s   4s   6s   8s   10s

(b) 环空为100mm×50mm，偏心度为17.35%，扩大率为40%，
实验介质为6#顶1#(密度差0.17)，环空返速为1.57m/s

顶替时间: 0s   2s   4s   6s   8s   10s

(c) 环空为100mm×50mm，偏心度为17.35%，扩大率为40%，
实验介质为6#顶1#(密度差0.17)，环空返速为2.03m/s

顶替时间：0s　　　1s　　　2s　　　3s　　　6s　　　12s　　　20s　　　44s

(d) 环空为100mm×70mm，偏心度为15.33%，扩大率为40%，
实验介质为6#顶1#(密度差0.17)，环空返速为0.10m/s

顶替时间：0s　　　　　0.5s　　　　　1s　　　　　2s　　　　　3s　　　　　6s

(e) 环空为100mm×70mm，偏心度为15.33%，扩大率为40%，
实验介质为6#顶1#(密度差0.17)，环空返速为1.75m/s

顶替时间：0s　　　1s　　　2s　　　3s　　　4s　　　5s　　　6s

(f) 环空为100mm×70mm，偏心度为15.33%，扩大率为40%，
实验介质为6#顶1#(密度差0.17)，环空返速为2.31m/s

顶替时间：　0s　　　　　　1s　　　　　　2s　　　　　　3s　　　　　　5s

(g) 环空为100mm×70mm，偏心度为15.33%，扩大率为15%，
实验介质为3#顶1#(密度差0)，环空返速为1.62m/s

顶替时间：0s　　　4s　　　5s　　　6s　　　8s　　　14s　　　17s

(h) 环空为100mm×70mm，偏心度为15.33%，扩大率为15%，
实验介质为2#顶1#(密度差0)，环空返速为1.25m/s

顶替时间：　0s　　　　　　1s　　　　　　2s　　　　　　3s　　　　　　6s

(i) 环空为100mm×70mm，偏心度为15.33%，扩大率为15%，
实验介质为2#顶1#(密度差0)，环空返速为2.35m/s

顶替时间：0s　　　　　1s　　　　　2s　　　　　3s　　　　　4s

(j) 环空为100mm×70mm，偏心度为15.33%，扩大率为15%，
实验介质为6#顶1#(密度差0.17)，环空流速为1.28m/s

顶替时间：0s　　　　　1s　　　　　2s　　　　2.5s　　　　3s

(k) 环空为100mm×70mm，偏心度为15.33%，扩大率为15%，
实验介质为6#顶1#(密度差0.17)，环空返速为1.60m/s

图 6.10　不规则段螺旋流顶替图

由实验结果可分析得出如下结论。

(1) 由图 6.10 和表 6.3～表 6.5 可看出，螺旋流顶替可以大大地改善不规则段(扩大段)的顶替效果，即使在环空返速较小时，也具有很好的辅助顶替效果。相同条件下，环空返速越大，螺旋流顶替效果越好[见图 6.10(h)和图 6.10(i)]。台肩位置不出现涡存被顶替液，窄间隙液不发生被顶替液滞留情况；替净相同体积被顶替液可以大大节省顶替量 β 值。因此，螺旋流顶替也非常适合用在水泥用量较少的尾管固井中。

(2) 由表 6.3～表 6.5 可知,螺旋流顶替过程宽、窄间隙流率比 α 值一般比轴向流小,因此,在井眼规则段螺旋流顶替宽、窄间隙不易发生顶替液的窜流或被顶替液的滞留问题。

(3) 对图 6.10(g)和图 6.10(k)、图 6.10(h)和图 6.10(j)进行比较可知,增大顶替液与被顶替液密度差,可以增强螺旋流顶替效果,这一点与轴向流顶替方式不同,密度差的浮力效应在轴向流顶替中与偏心度的大小、顶替流速的使用都有关系。

(4) 对图 6.10(b)和图 6.10(e)、图 6.10(k),图 6.10(c)和图 6.10(f)进行比较可知,对于环空间隙较小的情况下,不规则段的井眼扩大,对提高顶替效率有利。

3. 讨论

根据实验研究可知,轴向流顶替比螺旋流顶替所需的顶替量要多,因此,这对使用水泥浆量少、顶替接触时间较短的短尾管固井,轴向流顶替方式替净难度相对较大。轴向流顶替很容易发生窄间隙被顶替液的滞留、顶替液窜流,将导致顶替效率不高,水泥浆与钻井液直接接触,影响水泥浆的后期性能,影响井筒的完整性,甚至发生安全事故。根据前面研究可知,在不规则井段的轴向顶替流中被顶替液在井扩段台肩位置由于涡流的原因,在有限量的顶替液顶替的情况下很容易滞留,或滞留时间较长,难以被替净;且随着顶替过程的不断进行,亚滞留被顶替液不断稀释,容易造成下游顶替液的污染。

相对轴向流顶替的上述缺点,螺旋流顶替则有着显著的优越性。螺旋流顶替流动是主流绕内管做螺旋上升运动,其周向剪切运动与轴向驱替的综合作用有利于形成均匀平缓的顶替界面,不易发生顶替液的窜流和被顶替液的滞留问题。依据第 3 章式(3-1)理论分析,对于相同流量的流体运动,获得相同大小轴向平均流速时,螺旋流的主流流速大于一维轴向流的主流流速。这是因为螺旋流运动的主流实质为绕内管沿环空单边旋转运动,改变了一维轴向流主流同时在环空轴向运动的形式。螺旋运动的这种单边间隙流动过流面积远远小于一维轴向流的过流面积,其主流流速得到很大提高,这无疑增大了顶替液的驱替能力,对环空宽、窄间隙的被顶替液,以及壁面高黏附钻井液具有非常好的驱替效果。螺旋流的这种绕内管单边间隙流动对井眼扩大段的顶替非常有利,在井眼扩大段,环空间隙增大,但螺旋流的主流流速比轴向流的主流流速减小幅度小得多,因此,顶替液的驱替动能削弱并不多,且因其周向运动分量减小了流体进入井眼扩大段的射流附壁效应,大大压缩了涡流范围,提高了不规则段的顶替界面平缓程度,亚滞留被顶替液量大大减少,减少了替净所需顶替量,也减少了亚滞留被顶替液对下游顶替液的污染时间和污染量。因此,螺旋流顶替对提高不规则段和规则段的顶替效率都是非常有利的。为提高固井质量,减少或避免施工过程中因顶替液窜流、顶替液直接与钻井液接触发生安全事故提供了理论基础。

　　轴向流顶替施工操作相对简单、安全,施工中只安装直条扶正器,与安装旋流扶正器相比,套管下入阻力小,注替施工时流场阻力相对较小,对井壁的冲刷较弱,更适用于地层承压能力弱、地层岩石结构疏松的井况下施工。因此,轴向流顶替适应的地质条件范围更广,且直条扶正器成本相对较低。

　　而使用旋流扶正器导流形成的螺旋流顶替,因套管下入过程中旋流扶正器的导叶加大了对裸眼段井壁的刮擦,易在井底沉屑,或沉屑堵塞旋流扶正器的流道,这加大了环空流道堵塞的风险。注水泥作业时,螺旋流场产生的阻力较大,这对地层承压能力和机泵能力提出更高的要求。螺旋流顶替因其周向分量加大了流体对井壁的冲刷,从而在应用时受到井壁稳定性的制约,且相对直条扶正器,旋流扶正器成本较高。

　　由上述分析可知,在井壁稳定性好、地层承压能力和机泵能力允许的情况下,在固井质量要求较高的井段,应尽可能选用螺旋流顶替。在不规则井段,钻井过程中后续钻进未发生漏、塌等复杂情况时,可选择使用旋流扶正器辅助实现螺旋流顶替技术进行固井。对地质条件允许的短尾管固井,优先选择螺旋流顶替技术。在长封固段的中、上层,因顶替接触时间比下部段时间短,建议在上部段优先选用螺旋流顶替技术。而在地层易垮塌、地层承压能力弱、固井施工安全窗口窄、螺旋流顶替使用受到限制的井段,宜选用轴向流顶替技术。

　　综合上述分析,针对使用旋流扶正器导流存在旋流衰减的问题,为充分发挥轴向流顶替和螺旋流顶替各自的优点,提出"轴向紊流顶替＋螺旋流顶替＋高黏切力"相结合的顶替技术,该技术兼顾了施工安全、固井质量和作业成本的要求,具有较强的实践意义。

6.4　本章小结

　　本章评价了国内外定注水泥顶替理论与方法研究中存在的问题,在前人研究的基础上,改进了顶替实验方法与实验装置。本章中所研制的顶替实验装置考虑了规则井眼和不规则井眼两种情况,实验方法采用了不规则段的高速摄像法直观评价不规则段台肩涡存与窄间隙驱替过程,对不规则段下游顶替界面的运移状态使用宽、窄间隙质量流速比来判断。实验方法科学,操作简单;实验装置具有采集数据方便、可靠,安装、拆卸方便,且成本较低等优点;尤其是套管居中度调节方便且精确,为获取可靠的实验数据提供了有力的保障。

本章中运用改进的实验方法进行轴向流顶替实验,实验对象包括规则段和不规则段,总结了影响不规则段轴向流顶替的因素,包括套管偏心度、井眼扩大率、环空结构、顶替液与被顶替液性能、环空返速(施工排量)和流态的影响。偏心度对顶替效率的影响最为显著,偏心度达到 40% 以上时,轴向流顶替方式很难将被顶替液顶替干净。井眼扩大增大了扩大段的替净难度,不规则段替净相同体积被顶替液 β 值提高,宽、窄间隙质量流速比 α 值增大。井眼不规则不仅对不规则段本身的顶替产生影响,在一定流速的情况下,还对下游一定距离范围内顶替界面的稳定产生一定的影响。但井眼扩大对环空内外径不同的顶替影响程度不同,对环空内外径比为 0.7 的环空结构的影响比内外径比为 0.5 的环空结构影响程度小。当套管偏心度不大于 25.51% 时,环空返速在小于 1.0m/s 的情况下,流速的增大并不会提高顶替效率;环空流速达到 1.50m/s 的紊流顶替能有效地驱替宽、窄间隙的被顶替液。流变性的影响比较复杂,当环空返速在 1.0～1.50m/s 以上时,对于规则段和不规则段,都是流变性越好的顶替液其顶替效果越好;而对于环空返速低于 1.0m/s 时,不同井况的顶替液流变性的影响不一样。总体来说,环空间隙较大、套管偏心度较小的井眼适合使用高黏顶替液;环空间隙小、偏心度较大的井眼,适合使用较低黏度顶替液。

通过理论分析与实验研究得出,螺旋流顶替比轴向流顶替效果好,螺旋流顶替对提高不规则段的顶替效果非常显著。与轴向流顶替相比,替净相同体积被顶替液可以大大减少顶替时间和顶替量,最大限度地减少或避免钻井液窜槽的发生。因此,螺旋流顶替也适用于顶替量使用较少的短尾管固井和长封固段中上段顶替液接触时间较短的固井。不规则段下游螺旋流顶替的宽、窄间隙质量流速比 α 比轴向流顶替的宽、窄间隙质量流速比要小,说明螺旋流顶替宽、窄间隙界面推移较为均匀,可以大大改善套管偏心下轴向流顶替时窄间隙被顶替的驱替效果。

第7章 螺旋流顶替技术应用案例与分析

本章是对前述研究成果进行现场应用,先在四川境内的回接固井进行检验,通过对比传统的技术,分析其效果。并为了验证螺旋流顶替技术的适用性,进一步在水平井注水泥施工中进行实验。

7.1 螺旋流顶替技术在回接固井实践中的验证

回接固井受地层、井眼条件影响小,因此,可以更好地验证研究中提出的"螺旋流＋轴向流紊流＋高切力水泥浆"技术。

7.1.1 案例1:元坝121井 Φ193.7mm套管回接固井

元坝121井为一口开发评价井,2012年1月17日用 Φ193.7mm套管进行回接固井,上层套管为 Φ273.1mm,回接固井封固段为0~5305m。固井前钻井液密度为1.31g/cm³,漏斗黏度为58s,初切力为4.5Pa,终切力为11Pa,滤失为3.6ml/30min,泥饼为0.5mm,井底静止温度为110℃。该井次固井属于深井长封固段固井:套管壁泥饼的冲刷和有效清洗困难;上下温差大,对水泥浆综合性能要求高;钻井液黏度比阆中1井大,顶替更加困难。同样设计采用"螺旋流＋轴向流紊流"相结合的顶替技术,具体技术方法如下。

(1)螺旋流顶替技术。为了进一步验证螺旋流顶替的效果,全井段安装旋流扶正器,结合钻机能力和压稳要求,设计替浆排量为1.50~2.50m³/min,环空返速为1.41~2.35m/s,旋流扶正器间距为8.5~10.2m,井口压力为5~12MPa。考虑到质量和经济性要求,最后决定每3根套管安装一只旋流扶正器,共安装160只。实际替浆排量为1.5m³/min,环空流速为1.41m/s,旋流扶正器理论间距为7.9m,井口实际最大压力为23MPa。

(2)轴向紊流顶替技术。对于旋流扶正器不能波及的范围,要结合轴向流紊流顶替技术进行顶替。根据相关浆体性能和前面给出的井身结构等数据,计算得出水泥浆为宾汉流体,紊流临界流速为0.64m/s,实际环空流速为1.41m/s,环空水泥浆顶替实现了紊流顶替,且水泥浆的紊流度较高。这些措施都有利于顶替效率的提高。

（3）提高顶替液动切力。调试后的水泥动切力计算值为 3.58Pa，其值是钻井液的静切力值的 1.81 倍。因此，近井壁高黏附钻井液可以被有效清除。

（4）配套措施。下套管之前，使用满尺寸钻头对回接段进行通井；下套管前调整好钻井液性能；磨铣回接筒之前，下入刮管器对回接全井段进行刮管；按要求认真磨铣回接筒，记录铣鞋深度，大排量循环洗出铁屑和水泥块；根据试插入情况调节管串长度，确保实现上下密封；在冲洗液中加入乳化剂和渗透剂，加大用量并增加顶替液接触时间，以达到良好的冲洗隔离效果，有效提高顶替效率；设计附加水泥浆，增加井口井段接触时间，确保水泥浆密度，提高井口水泥石强度；采用密度为 1.70g/cm³ 的泥浆替浆，减少液柱压力差值，保证施工安全。保证水泥浆的稳定性，使用早强剂调节水泥浆柱上下温差影响下的水泥石强度发展，并结合膨胀剂提高水泥石的胶结强度。

对本次固井进行质量评价。候凝结束后探得水泥塞顶界为 5213.23m，水泥塞长度为 91.77m，全井筒试压为 20MPa，稳压 60min，无压降。四开尾管悬挂回接声幅测井现场解释：测井井段 0～5210m，井段总长为 5210.0m。其中固井质量优质段段长 4245m，占测井井段长度的 81.5%；良好段段长为 715m，占测井井段长度的 13.7%；合格段段长 0m，占测井井段长度的 0%；不合格段段长为 250m，占测井井段长度的 4.8%。统计结果为优质率 81.5%，优良率 95.2%。

7.1.2 案例 2：阆中 1 井 Φ193.7mm 套管回接固井

阆中 1 井位于四川省阆中市柏垭镇羊鹿村，为一口预探井，直井。上层套管 Φ273.1mm，下深为 5458.0m，本次用 Φ193.7mm 套管回接封固段为 0～5300.0m。固井前钻井液密度为 1.78g/cm³，漏斗黏度为 47s，初切力为 4.5Pa，终切力为 9.0Pa，滤失 4.6ml/30min，泥饼为 0.5mm，井底静止温度为 123.8℃。其固井存在的难点有：该井次固井属于深井长封固段固井，套管壁泥饼的冲刷和有效清洗困难；上下温差大，对水泥浆综合性能要求高；环空间隙小，施工压力较高。设计采用"螺旋流＋轴向流紊流"相结合的顶替技术。具体技术方法如下。

（1）螺旋流顶替技术。为了初步实验旋流扶正器的使用效果，这次固井并未按照旋流扶正器间距的理论值进行设计。按惯常思维，为防止井口油气水窜和套管回接处密封不严，长封固段两头的固井质量要求更高。因此，设计封固段两头安装旋流扶正器数量比中间段多。具体情况为：0～100m 安放间距为 20m,共安装 5 只旋流扶正器;在 100~5200m,安放间距为 60m,共安装旋流扶正器 85 只;在 5200~5300m,安放间距为 20m,共安装旋流扶正器 5 只。水泥浆的流变参数调试后,塑性黏度为 0.18Pa·s,动切力为 15Pa,替井浆排量设计为 1.2~1.5m³/min ,环空返速为 1.41~1.76m/s,据此计算,旋流扶正器间距为 4.3~4.7m,井口最大压力为 15MPa,理论上应每根套管安装一只旋流扶正器。实际环空排量为 1.76m³/min,环空返速为 2.06m/s,据此计算相邻两只旋流扶正器实际理论间距为 4.6m。实际井口压力为 19MPa。

(2)轴向流紊流顶替技术。因旋流扶正器之间存在大段的轴向流顶替,设计采用紊流顶替措施。水泥浆按宾汉流体计算,注替紊流临界流速为 1.31m/s,实际环空返速为 2.06m/s,较好地实现了紊流顶替。

(3)提高顶替液动切力。根据计算,得出水泥浆动切力为 15.0Pa,其值是钻井液静切力 4.5Pa 的 1.81 倍,较高的水泥浆动切力可以克服近井壁钻井液高黏附状态而将其替走。

(4)配套技术措施。采用复合前置液技术方案,隔离液中加入冲洗剂及表面活性剂,使前置液满足隔离要求并具有冲洗作用;使用大量冲洗液以达到良好的冲洗隔离效果,有效提高顶替效率;采用多功能降失水剂水泥浆体系,并采用密度 1.90g/cm³ 的膨胀水泥浆体系,确保零析水,提高流变性和稳定性。且该体系具有失水小、稠化过渡时间短、强度发展快的特点;附加水泥浆 8m³,增加井口井段接触时间。

经声幅测井评价,全封固段优质率为 37.22%,优良率为 82.33%。

7.1.3　河飞 302 井 Φ177.8mm 套管回接固井

河飞 302 井固井是中石化西南石油工程有限公司固井分公司于 2010 年 2 月实施作业的。上层套管 Φ273.1mm,下深 4328.31m,本次用 Φ177.8mm,套管回接封固段为 0~4181.0m。固井前,钻井液密度 1.70g/cm³,漏斗黏度 50s,初切力为 5.0Pa,终切力为 24.0Pa,固相含量为 25%。其固井难点有:钻井液密度高、黏切高,影响顶替效率和封固质量;套管壁泥饼的冲刷和有效清洗困难;回接固井封固段长,上下温差大,对水泥浆综合性能要求高。

提高顶替效率的主要技术措施主要有以下几点。设计使用轴向流紊流顶替技术,全井使用刚性直条扶正器,每 10 根套管安放一只,共计 42 只。水泥浆注替紊流临界流速为 0.53m/s,设计替入钻井液排量为 1.20~1.80m³/min,井口最大压力为 14.0MPa,实际排量为 1.39m³/min,环空返速为 1.09m/s,井口最大压力为 7Mpa,实现了紊流顶替;采用"冲洗液+加重隔离液+冲洗液"的前置液组合固井液结构,加大隔离液的用量,满足 10min 接触时间,以达到良好的冲洗隔离效果,有效提高顶替效率;采用密度 1.90g/cm³ 的膨胀水泥浆体系,确保零析水,提高流变性和稳定性;附加水泥浆 8m³,增加近井口井段接触时间,提高井口水泥石胶结质量。

利用声幅测井进行评价,第一界面胶结好的百分比为 6.7%,胶结中的百分比为 38.34%,胶结差的百分比为 54.96%,总体固井质量不甚理想。

7.1.4　小结

综上三口井固井情况,河飞 302 井没有使用螺旋流顶替,且水泥浆动切力偏低。由表 7.1 可知,水泥浆动切力为 2.56Pa,其值比钻井液静切力 5.0Pa 小 1.81 倍,水泥浆动切力难以克服近井壁钻井液高黏附状态,无法将其替走。虽然实现了紊流顶替,但因顶替液的剪切携带能力较弱,顶替效果不高,从而使固井质量不理想,且实际施工排量显得不够。阆中 1 井和元坝 121 井 Φ 193.7mm 套管回接固井,两者钻井液阻力一样,都使用了"螺旋流+轴向流紊流"顶替技术,且水泥浆动切力值都足够大,但阆中 1 井的固井质量(优良率 82.33%)比元坝 121 井(优良率为 95.2%)差得多。根据表 7.1 分析认为,阆中 1 井单只旋流扶正器的导流长度为 4.6m,共安装 95 只,旋流扶正器有效导流长度累计 437m;元坝 121 井 193.7mm 套管回接固井,单只旋流扶正器的导流长度为 7.9m,共安装 160 只,旋流扶正器有效导流长度累计 955.9m。阆中 1 井旋流扶正器安装数量偏少可能是其固井质量较差的一个主要原因。

表 7.1　三口井套管回接固井基本参数

井号	YP/Pa	η_p /(Pa·s)	D_o /mm	D_i /mm	Q /(m³/min)	ρ /(g/cm³)	Z_{max}/m
河飞 302 井	5.0	0.09	246.7	177.8	1.39	1.92	—
阆中 1 井	4.50	0.18	235.8	193.7	1.76	1.90	5.0
元坝 121 井	4.50	0.10	259	193.7	1.50	1.90	8.5

注:旋流扶正器的导流角为 30°,有效高度系数为 0.92。

三口井的回接套管尺寸:河飞 302 井直径为 177.8mm,阆中 1 井和元坝 121 井直径为 193.7mm。

7.2　川科 1 井 Φ177.8mm 尾管固井

川科 1 井位于四川省绵竹市孝德镇东利村一组,属川西拗陷孝泉-丰谷构造带孝泉构造,为一科探井,井眼类型为直井。由于 Φ260.35mm 技术套管固井质量较差,有发生电化腐蚀穿孔后含硫气体上窜的风险,下入 Φ177.8mm 套管,座封封隔器,提高井筒安全,满足下步完井作业要求。2011 年 6 月进行了 Φ177.8mm 尾管固井,本次封固段为 5070.03～5602.9m,裸眼段环空为 215.9mm×177.8mm,环空间隙属于小间隙。环空内外径比为 0.82,如裸眼段按扩大率以 15% 扩大,内外径比为 0.72。具体井身结构数据见表 7.2,井底静止温度为 145℃,钻井液性能见表 7.3。

表 7.2　井身结构

开钻次序	钻头程序 /(mm×m)	套管程序 /(mm×m)	套管钢级及壁厚/mm
一开	660.4×499.00	508.00×497.08	J55×12.70
二开	444.5×3200.00	346.1×3198.05	TP125×13.84
三开	311.2×5700.00 +215.9×5719.00	260.35×5700	TP125S/TP110SS×18.65
四开	215.9×7566.5	未下	
尾管固井		177.8×(5070.03～5399.65)	177.8×110SS×11.51×TP-CQ
		177.8×(5399.65～5602.9)	177.8×TN028-110×12.65×TS-3SB

表 7.3　钻井液性能

类型	密度 /(g/cm³)	漏斗黏度 /s	n	pH	塑性黏度 /(mPa·s)	初切力 /Pa
聚合物钻井液	1.37	47	0.33	9.5	18	3

K/(mPa·sⁿ)	终切力/Pa	泥饼/mm	动切力/Pa	失水/ml		
3.98	6	0.5	7.5	5.0		

注:K 为稠度系数。

7.2.1　固井难点分析

川科 1 井 Φ177.8mm 尾管固井存在以下 5 个难点。

（1）尾管封固段短,水泥浆接触时间短,对顶替效率影响大。

（2）井内经过长时间的完井作业,套管壁附着大量泥皮,影响胶结质量。

（3）本次固井作业要求悬挂器必须成功座挂,对工具在井下的可靠性要求极为严格。

（4）高温对水泥浆性能要求高。

（5）产层裸露在套管下面,为了防止双层套管间窜气,满足下步测试要求,对水泥石胶结质量要求极高。

7.2.2　固井技术措施

根据第 6 章的研究结论,内外径比为 0.7 以上的环空间隙的替净难度加大,对套管居中度的要求极高。提高顶替效率技术有以下 3 点。

（1）提高套管居中度,使用螺旋流顶替技术。

为更大程度地提高旋流扶正器的辅助顶替效果,采取加密使用旋流扶正器,一是提高套管居中度,二是提高螺旋流顶替效果。根据计算,旋流扶正器的理论安装间距为 2m,最大安装间距为 2.5m。

虽然单个旋流扶正器的导流强度较弱,但现场施工设计加大了旋流扶正器的用量,每 10m 安装一个旋流扶正器,即一根套管安装一个旋流扶正器,从提高旋流扶正器的辅助顶替效果、提高固井质量的角度来说是合理的。分析认为,本次固井所用固井液性能和施工排量对单只旋流扶正器的导流作用不是很明显,其辅助顶替效果没有发挥到最佳;在进一步优化水力参数的情况下,旋流扶正器还有进一步改善导流效果、提高顶替效率的空间的优势。

（2）轴向紊流顶替技术。

因井眼环空间隙较小,根据第 6 章顶替实验结果,小间隙环空轴向流顶替适合使用低黏度顶替液,因此可设计"冲洗液＋隔离液＋冲洗液"的前置液结构体系,配合高速顶替(大于 1.5m/s 以上),实现紊流顶替,提高因旋流强度衰减而不能实现全封固段螺旋流顶替的顶替效率。具体采用的浆柱结构为"冲洗液 4m³(5min,密度 1.02g/cm³)＋ 隔离液 8m³(8min,密度 1.81g/cm³)＋冲洗液 2m³(2min,密度 1.02g/cm³)＋水泥浆 16m³(20min,密度 1.90g/cm³)"。替浆排量为 1.38m³/min,环空返速为 1.95m/s,水泥浆临界流速为 1.41m/s,实现了紊流顶替。

（3）提高顶替液动切力。

据表 7.4 的数据计算，隔离液和水泥浆动切力分别为 7.41Pa 和 7.67Pa，其值比钻井液静切力值大 1.81 倍，且水泥浆动切力大于隔离液。可见，顶替液对被顶替液的驱动力较强，这极大地弥补了单只螺旋流顶替作用受限这一不足。

表 7.4　固井液流变实验数据

类型	$\rho/(\mathrm{g/cm^3})$	旋转黏度计转速（r/min）						实验温度/℃
		600	300	200	100	6	3	
隔离液	1.70	120	73	53	34	3	2	93
水泥浆	1.90	300	174	122	68	6	4	93

除此之外，其他配套措施有以下几个方面。

（1）冲洗液中加入乳化剂，对封固井井段泥浆有效驱替和对胶结面清洁。

（2）加大泥浆与隔离液、水泥浆之间的密度级差，进一步保证顶替效率。

（3）调整好井内泥浆性能，要求井内不涌、不漏且密度均匀、无残酸，同时泥浆应具有良好的流变性。

（4）按照完井方案的要求，要求下套管前对 4900～5600m 井段套管进行认真刮管，且不少于 5 次。清除套管壁附着的泥饼及水泥块，充分循环，确保井内流体的清洁。

（5）选购性能优良且具有丰富现场服务经验的厂提供的悬挂器，保证悬挂一次成功。

（6）固井前注入 20m³ 性能与井浆一致且不含油的冷泥浆作为先导浆。

（7）尾管内及钻具内下部 300m 及替入密度 1.80g/cm³ 的隔离液作为保护液，防止回压凡尔失灵水泥浆倒回管内过多造成水泥浆返高不够，套管漏封，同时防止起钻时水泥浆与泥浆直接接触造成复杂情况。

（8）管鞋采用"引鞋＋盲板短节＋旋流短节＋套管串"的结构来防止水泥浆冲击携带砂子，影响固井安全和固井质量。

7.2.3　质量评价

根据声幅检测段总长 489m。其中，优质段长为 329m，优质率为 67.28%；优良段长度为 404m，优良率为 82.62%；合格段长度为 489m，合格率为 100%。

上述各井固井施工在施工前、施工过程中和施工后都要做好各个环节的准备和作业，如提高井眼质量，调整钻井液性能，固井施工前循环洗井，固井工具的质量保证,扶正器的合理安放,选用性能优良的固井材料,保证足够的候凝时间等方面都应得到各个相关部门的重视。

7.3　在川西水平井固井中的应用

7.3.1　川西水平井概况

川西地区须家河组、沙溪庙组气藏储量丰富,勘探开发前景巨大,水平井将成为川西地区增储上产的重要手段。目前川西水平井主要有两种井身结构,包括浅层水平井和深层水平井。川西浅层水平井主要目的层是上沙溪庙地层,该气藏为致密砂岩气藏,垂深一般在 2300m 左右,水平段长度一般在 500～600m,固井采用一次性全管柱固井。深层水平井主要目的层在须家河地层,须家河组四段埋深为 3000～4000m,500～750m 层段为砂、泥岩交替沉积,为超致密背景下存在局部高孔隙段地层,一般采用"套管＋衬管完井"的方式。通常的井身结构设计见图 7.1。川西通过对几口水平井固井尝试,2011年以前水平段固井优良率为 0,合格率为 12.8%。

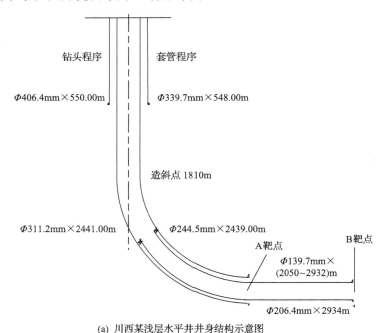

(a) 川西某浅层水平井井身结构示意图

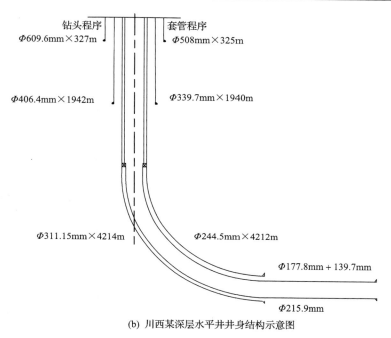

(b) 川西某深层水平井井身结构示意图

图 7.1 井身结构设计示意图

7.3.2 川西沙溪庙组水平井固井

1. 固井技术难点

川西沙溪庙组水平井固井技术的难点包括以下 6 个方面。

（1）井眼清洁难以得到保证，套管下入困难。

沙溪庙储层较薄，且不完全整合，水平段的方位变化大，曲率变化大，流体流动过程中易形成涡流，从而使钻井液在被顶替过程中处于亚滞留状态，在不断被稀释进入下游过程中可能污染下游水泥浆；且方位变化大，套管对井壁的侧压力很大，从而增加了下套管的阻力，加上套管下入过程中，套管与其附件刮擦井壁，掉落的固屑沉入井底也使套管难以下入到预定位置。井眼受钻具与井眼底侧接触状况的影响，有可能形成长椭圆形，影响准确计算井眼容积，为准确计算固井液用量带来难度。所穿越的水平段地层具有多样性，沙泥岩并存，易形成台阶面与岩屑床，水平段的清洁难以保证，套管下入过程中不断推挤岩屑进入井底，岩屑床容易堆积，台阶的交替出现加大套管下入阻力，从而导致套管下入到设计井底困难。

（2）套管居中度难以保证，水泥浆顶替困难。

影响套管居中度的因素包括：水平段的方位变化，曲率的变化；水平段钻井周期较长，所钻成的井眼规则度差；水平段套管在重力作用下向下弯曲。由前期所使用的旋流扶正器与井径数据计算得知，水平段最大居中度一般低于50%，注水泥过程中因套管居中度差影响旋流扶正器导流效果，导流条不能起到导流作用，反而阻碍下侧环空间隙流体流动，从而使顶替效率较低，影响固井质量。

套管的居中度直接影响到除屑效果和水泥浆在环空的充填效率。套管居中度提高，将减少固井液从环空高边窜流，提高固井液对套管下侧窄边沉床岩屑和钻井液的清除效果。以往使用单一弹性扶正器或直条刚性扶正器，因为其弹性扶正器扶正能力弱，而刚性直条扶正器切入井眼下侧井壁较深，使套管居中度较差。因此，根据井眼轨迹，合理选用扶正器类型和设计安放位置非常重要。

（3）钻井液密度高，流动性能较差，顶替效率难以保证。

沙溪庙组水平井 139.7mm 油层套管固井，钻井液密度高，一般在 1.85～2.11g/cm³，固相含量为 30%～40%，漏斗黏度为 55～63s，黏滞阻力大，固井液对钻井液的驱替较为困难。

（4）混油钻井液体系，双界面胶结质量难以保证。

因重力作用，水平段钻井液固相和钻屑易沉床；为了抑制地层，减少固屑发生，降低弯曲井眼钻具在井下的运动阻力，钻井过程中常用油基或混油钻井液体系，从而影响水泥石对两个界面的胶结质量，水平段及水平位移较大，钻井液普遍采用混油钻井液体系，双胶结面的润湿反转不易实现。

（5）水平段无井径数据，注入水泥浆量不好控制。

水平段往往因测井困难，难以获取水平段井径数据。而井眼几何形状受钻具与井眼底侧接触状况的影响，有可能形成长椭圆形，按照规整井眼计算井眼环空容积很可能带来较大误差。

（6）水泥浆性能比直井要求更严格。

因重力作用，水泥浆易析出自由水，析出的自由水上移容易在井眼高边形成水带，在活跃的油气水层容易造成油气水互窜，严重影响固井质量。析出的自由水进一步致使水泥浆稳定性差，水泥浆分层，发生固相沉降，故不能形成满足水泥环的整体均匀的水泥石质量的要求。

2. 技术措施

根据上述分析，提高水平井固井质量关键措施在于以下 4 个方面：①清除沉床岩屑；②提高套管居中度；③提高注水泥顶替效率（包括清油效率）；④保证封固段水泥浆性能。为此，采用以下针对性的技术。

1）除屑技术

除屑技术需加大洗井排量，增加循环洗井时间。套管到位后，在避免漏失的情况下，加大循环排量，提高上返速度，全循环排量一般大于 $1.5m^3/min$，循环时间超过 3 个小时，即达到了 3 周左右。结合旋流扶正器的作用，提高水力携沙、除沙效果，进一步对环空低边沉床清洗，提高井内的清洁度。

2）提高套管居中度

根据井眼轨迹，合理选用扶正器类型和设计安放位置非常重要。通过反复论证，决定在造斜段和水平段加密使用扶正器，水平段交替使用刚性旋流扶正器与双弓弹性扶正器，两种扶正器每根一个。某井管串数据和扶正器安放位置见表 7.5 和表 7.6，由套管居中度的计算可知，刚性旋流扶正器与弹性双弓扶正器交替使用能保证水平段套管最小居中度 66% 以上，这保证了传统的轴向流顶替对套管居中度的最小要求，且对提高水平段旋流扶正器的导流效果、提高顶替效率具有重要作用。

表 7.5　管串组合

管串名称	尺寸×钢级×壁厚×扣型	段长/m	下深/m
套管	139.7mm×P110×7.720mm×LTC	3013.00	3013.00

表 7.6　扶正器安放位置

编号	井段顶深 /m	井段底深 /m	类型	型号	外径 /mm	安放间距 /m	安放数量
1	0.0	1910.0	弹性	TF216	248.0	55.00	35
2	1910.0	2414.0	刚性	GF216	208.0	22.00	23
3	2414.0	2903.0	刚性	GF216	208.0	22.00	22
4	2903.0	2914.0	弹性	TF216	248.0	11.0	1
5	2914.0	2925.0	刚性	GF216	208.0	11.0	1
6	2925.0	2936.0	弹性	TF216	248.0	11.0	1
7	2936.0	2947.0	刚性	GF216	208.0	11.0	1
8	2947.0	2958.0	弹性	TF216	248.0	11.0	1
9	2958.0	2969.0	刚性	GF216	208.0	11.0	1
10	2969.0	2980.0	弹性	TF216	248.0	11.0	1
11	2980.0	2991.0	刚性	GF216	208.0	11.0	1
12	2991.0	3002.0	弹性	TF216	248.0	11.0	1
13	3002.0	3013.0	刚性	GF216	208.0	11.0	1

3）注水泥顶替效率技术

注水泥顶替效率技术使用轴向紊流和螺旋流顶替相结合的顶替技术，具体方法如下。

（1）使用合理的浆柱结构。

沙溪庙水平都属于高压气层的水平井，需要性能优良的固井液体系才能达到良好的封固效果。经理论分析并结合 5 年来的实践经验，目前采用的浆柱结构为"先导浆＋冲洗液＋隔离液＋冲洗液＋膨胀水泥＋防气窜水泥"。具体如下。

先导浆：与井浆密度一致的不含油常温的先导钻井液，入井量一般达到充满造斜以下井段或达到 15min 以上的接触时间。

化学冲洗液：因环空内外径比大于 0.7，环空间隙较小，需要配制流变性较好的冲洗液进行冲洗，因此使用清水作为基本材料，并考虑能有效地冲刷粘在井壁和套管壁上的油膜，在冲洗液中加入乳化剂。

隔离液：为了达到与钻井液、水泥浆具有良好的相容性，选用具有良好抗污染效果的隔离剂种类；保证悬浮固体粒子的前提下采用低粘隔离液，从而实现低速紊流冲刷效能，提高对管壁和井壁的冲蚀；使用化学冲洗液与加重隔离液的组合前置液体系，用量按 10min 以上接触时间设计。加重隔离液密度设计在钻井液密度与水泥浆密度之间。前置液的注替排量都是按 $1.8\sim2.0m^3/min$ 设计，实际作业时，根据压力变化，在化学冲洗液出套管鞋后，施工排量都提到 $2m^3/min$，实现紊流顶替。

（2）螺旋流顶替技术。

经实验研究可知，旋流扶正器的导流效果与施工排量有关，施工排量越大，其导流效果越好。若施工排量低，旋流扶正器导流效果变差，且因为旋流扶正器下侧的导流条加大了环空低边窄间隙钻井液流动阻力，水泥浆在水平段形成高边窜流和低边钻井液滞留。大排量高返速，配合最大程度的套管居中度，可以提高旋流扶正器的导流波及范围，从而提高水泥浆对整个水平段环空的充填效率。沙溪庙组水平井固井施工注替的平均排量大都超过了 $1.5m^3/min$，提高了旋流扶正器的导流效果。

4）水泥浆技术

严格控制 API 滤失量小于 50ml，控制游离液为 0。在水泥浆凝固后，要求水泥石圆柱体上、中、下的密度差小于 $0.06g/cm^3$。严格控制水泥浆稠化时间，缩短稠化过渡时间，尽量达到直角稠化。利用膨胀水泥，减少普通水泥石的收缩，提高水泥石的胶结强度。利用膨胀水泥浆体系封固上部低压地层，利用防气窜水浆体系封固下部高压地层与水平段地层。防气窜水浆能够在凝固过程产生极微小的气泡,使水泥浆孔隙压力增加,从而弥补水泥浆在井筒内候凝过程中浆柱有效压力的"失重",提高水泥浆(石)的防气窜能力。

3. 效果评价

通过运用上述技术,2011 年已经完成的 17 口井中(见表 7.7),水平段固井质量优良的井有 7 口,优良率达到 41.18%;水平段固井质量合格以上的井有 14 口,合格率达到 82.35%;水平段固井质量差的井只有 3 口,占 17.65%。因此,水平井水平段固井质量比大幅度提高。

表 7.7　2011 年水平井固井质量统计表

序号	井号	固井时间	泥浆密度 /(g/cm³)	水平段长 /m	水平段质量情况
1	新沙 21-10H	11.03.06	1.90	598.03	合格 100%
2	新沙 21-11H	11.04.29	1.88	629	优良 100%
3	新沙 21-12H	11.04.16	1.85	632.44	优良 41.7%,合格 100%
4	新沙 21-13H	11.06.26	1.88	499	优良 100%
5	新沙 21-14H	11.05.23	1.90	602.52	合格 100%
6	新沙 21-9H	11.05.27	1.86	464.68	合格 100%
7	新沙 21-4H	11.02.21	2.07	800.93	优质 86.8%,合格 100%
8	新沙 23-4H	11.05.15	1.86	584.09	优 39.3%,合格 95%,不合格 5%
9	新沙 21-25H	11.10.09	1.87	664	良好 15.56%,合格 100%
10	新沙 21-24H	11.10.11	1.89	652	优良 100%
11	新沙 21-23H	11.09.18	1.86	568	良好 88.8%,合格 90.8%,不合格 9.2%
12	新沙 21-22H	11.08.29	1.99	440.33	合格 100%
13	新沙 21-21H	11.07.17	1.87	597	不合格 100%
14	新沙 21-18H	11.07.20	1.98	792.48	优秀 100%
15	新沙 21-17H	11.05.05	1.93	551.69	优质 7.3%;良好 2.2%;合格 20.4%; 不合格 70.0%
16	新沙 21-16H	11.07.12	2.15	537.01	优质 93.0%;合格 100%
17	新沙 21-15H	11.06.13	2.00	776.10	优良 27.3%,合格 60%,不合格 40%

　　川西沙溪庙镇组水平井固井质量说明目前采用螺旋流顶替技术进行水平井固井是适合的,水平井固井技术逐渐走向成熟。该技术应用过程中应坚持使用以下 4 项措施。

　　(1) 使用偏心引鞋与大排量循环洗井,增加洗井周期可以保证套管下入井底和提高对水平段的沉床岩屑的清除效果,为提高水平井的固井质量创造条件。

　　(2) 旋流扶正器和双弓弹性扶正器交替使用,可提高套管居中度,实现螺旋流顶替。

　　(3) 在套管居中度得到保证的前提下,以及在地层不漏失的情况下,尽可能加大施工排量,可以提高旋流扶正器的导流效果,提高对钻井液的清除效果。

　　(4) 合理使用固井液浆柱结构,选用适合的水泥浆体系,优化水泥浆性能,是提高水平井固井质量的可靠保证。

7.4　本 章 小 结

　　通过对元坝 121 井和阆中 1 井 Φ193.7mm 套管回接固井、河飞 302 井 Φ177.8mm 套管回接固井,川科 1 井 Φ177.8mm 尾管固井,川西水平井固井进行实践探索,说明本项目所研究的“螺旋流＋轴向流紊流＋高黏切力水泥浆”理论与技术成果具有一定的理论价值和实践意义。

　　固井是系统工程,需要各个相关环节的共同努力配合,包括钻井阶段提高井眼质量,减少井壁虚泥饼,提供良好的钻井液性能,固井施工前循环洗井,保证固井工具的质量,合理安放扶正器,优化浆柱结构和各施工水力参数,选用性能优良的固井材料,保证足够的候凝时间,合理的检测方法等。

　　本节研究中对不规则井眼的顶替还比较弱,对于不规则井眼的顶替问题,建议从以下几个方面做进一步思考。

　　(1) 不规则井眼环空变截面形状、流体性能、施工排量等因素与涡区的控制面积的关系如何? 被顶替液在涡区的发展变化规律如何? 上述因素对顶替界面稳定性影响如何? 多个组合变截面环空(“糖葫芦”状)对顶替界面稳定性的累积影响如何? 这关系到不规则段钻井液的滞留量、滞留时间,以及扩大段的顶替液对近壁钻井液的驱替程度。

　　(2) 亚滞留钻井液进入下游的扩散与迁移规律如何? 这关系到下游顶替液的性能变化。

（3）进一步对定向井、水平井固井进行系统研究。因时间限制，本项目主要研究了直井固井，对定向井和水平井没有展开研究。随着水平井数量的不断增多，大斜度井数量较多，而国内外目前没有成熟的理论与方法，因此，建议对此展开更加系统的研究。

（4）进一步对螺旋流顶替应用条件展开研究，包括螺旋流场对井壁产生的冲刷及其对地层条件的适应性评价；旋流扶正器的安全下入能力评价。

参 考 文 献

[1] 刘崇建，黄柏宗，徐同台，等. 油气井注水泥理论与应用. 北京：石油工业出版社，2001

[2] Howard G C, Clark J B. Factors to be considered in obtaining proper cementing of casing. Drilling and Production Practice, 1948：257-272

[3] Owsley W D. Improved casing cementing practices in the United States. Oil and Gas Journal, 1949, (1)：12-15

[4] Brice J W, Holmes R C. Engineered casing cementing programs using turbulent flow techniques. Society of Petroleum Engineers, 1964, 16(5)：503-508

[5] Tanaka S, Miyazawa M. An experimental study of effect of velocity on mud displacement in primary cementing. Journal of the Japanese Associating of Petroleum Technologists, 1972, 37(1)：1-7

[6] 刘大为，田锡君. 现代固井技术. 沈阳：辽宁科学技术出版社，1994

[7] Smith R C. Successful primary cementing can bea reality. Journal of Petroleum Technology, 1984, 36(11)：1851-1858

[8] Sauer C W. Mud displacement during cementing：A state of the art. Journal of Petroleum Technology, 1987, 39(9)：1091-1101

[9] 石油钻井工程专业标准化委员会. SY/T 5480-1992 注水泥流变性设计. 北京：石油工业出版社，1992

[10] Haut R C, Crook R J. Laboratory investigation of light weight, low-viscosity cementing spacer fluids. Journal of Petroleum Technology, 1982, 34(8)：1828-1834

[11] Couturbr M, Gulilot D, Hendrlks H, et al. Design rules and associated spacer properties for optimal mud removal in eccentric annuli. CIM/SPE International Technical Meeting, Calgary, 1990

[12] Gullot D J, Desroches J, Frigaard I. Are preflushes really contributing to mud displacement during primary cementing. SPE/IADC Drilling Conference, Amsterdam, 2007

[13] Parker P N, Ladd B J, Ross W M, et al. An evaluation of a primary cementing technique using low displacement rates. Fall Meeting of the Society of Petroleum Engineers of AIME, Denver, 1965

[14] 邓建民. 固井钻井液零滞留临界静切力计算方法. 天然气工业，2008, (5)：72, 73

[15] Li X, Novotny R. Study on cement displacement by lattice-boltzmann method, SPE Annual Eechnical Conference and Exhibition, Texas, 2006

[16] Silva M G P, Martins A L, Barbosa B C, et al. Designing fluid velocity profiles for optimal pPrimary cementing. SPE Latin America Caribbean Petroleum Engineering, Trinidad, 1996

[17] Mclean R H, Manry C W, Whitaker W W. Displacement mechanics in primary cementing. Journal of Petroleum Technology, 1967, 19(2)：251-260

[18] Lockyear C F, Hibbert A P. Integrated primary cementing Study defines key factors for field success, Journal of Petroleum Technology, 1989, 41(12)：1320-1325

[19] Lockyear C F, Ryan D F, Gunningham M M. Cement channeling：How to predict and prevent. SPE Drilling Engineering, 1990, 5(3)：201-208

[20] Brady W, Drecq P P, Guillot D J. Recent technological advances help solve cement placement problems in the Gulf of Mexico. SPE/IADC Drilling Conference, New Orieans, 1992

[21] Pelipenk S, Frigaard I A. Visco-plastic fluid displacements in near-vertical narrow eccentric annuli: Prediction of travelling-wave solutions and interfacial instability. Journal of Fluid Mechanics, 2004, 520(10): 343-377

[22] Flume R W. Laminar displacement of non-Newtonian fluids in parallel plate and narrow gap annular geometries. Society of Petroleum Engineers Journal, 1975, 15(2): 169-180

[23] Martin M, Latil M, Vetter P. Mud displacement by slurry during primary cementing jobs-predicting optimun conditions. SPE Annual Fail Technical Conference and Exhibition, Houston, 1978

[24] 陈家琅, 刘永建. 固井偏心环空最窄间隙的极限允许宽度. 大庆石油学院学报, 1987, 4: 17-22

[25] 刘永建, 姜淑卿, 黄匡道, 等. 偏心环空中水泥浆顶替泥浆的一维两相流动. 大庆石油学院学报, 1988, (3): 35-43

[26] 陈家琅, 黄匡道, 刘永建, 等. 定向井固井注水泥顶替效率研究. 石油学报, 1990, 11(3): 98-106

[27] 陈家琅. 钻井液流动原理. 北京: 石油工业出版社, 1997

[28] 王保记. 平衡压力固井优化设计与实时监测技术. 北京: 石油工业出版社, 1999

[29] 郑永刚. 非牛顿流体流动理论及其在石油工程中的应用. 北京: 石油工业出版社, 1999

[30] 郑永刚. 紊流注水泥顶替机理研究. 石油钻采工艺, 1993, 15(6): 42-48

[31] 郑永刚, 郝俊芳. 偏心环空紊流注水泥顶替理论研究. 石油学报, 1994, 15(3): 139-144

[32] 郑永刚. 偏心环空旋转套管流场及对注水泥顶替效率的影响. 西部探矿工程, 1994, 6(2): 33-36

[33] 郑永刚, 郝俊芳, 王治平. 活动套管提高注水泥顶替效率的理论分析. 天然气工业, 1994, 14(2): 48-51

[34] 郑永刚. 偏心环空注水泥顶替机理研究. 天然气工业, 1995, 15(3): 46-50

[35] 郑永刚. 定向井层流注水泥顶替的机理. 石油学报, 1995, 16(4): 133-139

[36] Szabo P, Hassager O. Displacement of one Newtonian fluid by another: Density effects in axial annular flow. International Journal of Multiphase Flow, 1997, 23(1): 113-129

[37] Pelipenko S, Frigaard I A. Two-dimensional computational simulation of eccentric annular cementing displacements. IMA Journal of Applied Mathematics, 2004, 69(6): 557-583

[38] Bittleston S H, Ferguson J, Frigaard I A. Mud removal and cement placement during primary cementing of an oil well: Laminar non-Newtonian displacements in an eccentric annular Hele-Shaw cell. Journal of Engineering Mathematics, 2002, 43(2-4): 229-253

[39] Frigaard I A, Pelipenko S. Effective and ineffective strategies for mud removal and cement slurry design. SPE Latin American and Caribbean Petroleum Engineering Conference, Port-of-Spain, Trinidad and Tobago 2003

[40] 王福军. 计算流体动力学分析——CFD软件原理与应用. 北京: 清华大学出版社, 2004

[41] Eduardo S, Dutra S, Monica F. Liquid displacement during oil well cementing operations, Annual Transactions of the Nordic Rheology Society, 2004, 12(1): 93-100

[42] Dutra E S S, Martins A L, Miranda C R, et al. Dynamics of fluid subsitution while drilling and

completing long horizontal-section wells. SPE Latin American and Caribbean Petroleum Engineering Conference, Rio de Janeiro, 2005

[43] 高永海, 孙宝江, 刘东清, 等. 环空水泥浆顶替界面稳定性数值模拟研究. 石油学报, 2005, 26(5): 20-22

[44] 吉尔 A E. 大气-海洋动力学. 张立政, 乐肯堂, 赵徐懿译. 北京: 海洋出版社, 1988

[45] 邓绶林. 普通水文学. 第二版. 北京: 高等教育出版社, 1985

[46] 杨景春. 地貌学教程. 北京: 高等教育出版社, 1985

[47] 孙西欢. 水平轴圆管螺旋流水力特性及固粒悬浮机理实验研究. 西安: 西安理工大学博士学位论文, 2000

[48] 武鹏林, 彭龙生. 螺旋管流输移固粒与起旋器效率. 太原工业大学学报, 1997, 28(3): 40-43, 48

[49] 孙西欢, 王文焰, 武鹏林, 等. 起旋器出口断面流速分布与起旋效率. 西北农业大学学报, 2000, 28(5): 37-41

[50] 孙西欢, 阎庆绂, 武鹏林, 等. 圆管螺旋流起旋器结构参数与阻力研究. 流体机械, 2000, 28(10): 7-9

[51] 彭龙生, 张羽. 平轴螺旋管流的能耗初探. 太原理工大学学报, 1338, 29(3): 229-232

[52] 武鹏林, 彭龙生. 水平圆管中螺旋流的形成与衰减. 太原工业大学学报, 1997, 28(4): 32-35

[53] 武鹏林. 夹沙螺旋管流能耗的实验研究. 农业工程学报, 2002, 18(1): 60-63

[54] 彭龙生. 螺旋流冲沙的数学模拟. 水利学报, 1988(1): 46-53

[55] 张开泉, 刘焕芳. 涡管螺旋流排沙的研究与实践. 水利水电技术, 1999(11): 48-54

[56] 周著, 王长新, 侯杰. 强螺旋流排沙漏斗的模型实验和原型观测. 水利水电技术, 1991: 44-48

[57] 唐毅. 排沙漏斗三维涡流水流结构的研究. 成都: 四川联合大学博士学位论文, 1996

[58] 徐继润, 罗茜. 水力漩流器流场理论. 北京: 科学出版社, 1998

[59] 阎庆绂, 陈仰吾, 高恩恩, 等. 离心泵入口旋流的实验研究. 农业机械学报, 1992, 23(1): 45-51

[60] 马素霞. 泵入口旋流的实验研究. 太原: 太原工业大学博士学位论文, 1997

[61] Scott C J, Bartelt K W. Decaying annular swirl flow with inlet solid body rotation. Journal of Fluids Engineering, 1976, 98(1): 33-40

[62] Liu W, Bai B, Swirl decay in the gas-liquid two-phase swirling flow inside a circular straight pipe. Experimental Thermal and Fluid Science, 2015, 68: 187-195

[63] Chang F, Dhir V K. Mechanisms of heat transfer enhancement and slow decay of swirl in tubes using tangential injection. International Journal Heat and Fluid Flow, 1995, 16(2): 78-87

[64] 王小兵, 刘扬, 崔海清, 等. 垂直管中定常螺旋流涡量特性的 PIV 实验研究. 流体机械, 2012, 40(2): 14-18

[65] 申功圻. 面向新世纪的粒子图像测速. 流体力学实验与测量, 2000, 14(2): 1-15

[66] Adrian R J. Multi-point optical measurements of simultaneous vectors in unsteady flow-a review. International Journal of Heat and Fluid Flow, 1986, 7(2): 127-145

[67] 姚洪英. 环空中螺旋流数值模拟及 PIV 实验研究. 大庆: 大庆石油学院硕士学位论文, 2009

[68] 王小兵, 韩洪升, 崔海清, 等. 基于粒子图像测速技术的垂直管螺旋流研究. 石油学报, 2009,

30(4)：155-159

[69] 张艳娟. 幂律流体偏心环空螺旋流紊流的 PIV 实验研究. 大庆：大庆石油学院硕士学位论文，2007

[70] Morsi Y S M, Holland P G, Clayton B R. Prediction of turbulent swirling flows in axisymmetric annuli. Applied Mathematical Modelling, 1995, 10(19)：613-620

[71] Kitoh O. Experimental study of turbulent swirling flow in a straight pipe. Journal of Fluid Mechanics. 1991, 225(1)：445-479

[72] 熊鳌魁，魏庆鼎. 一类变截面管内轴对称螺旋流的衰减规律分析. 应用数学和力学，2001，22(8)：879-884

[73] 倪玲英. 水力旋流器的研究现状及其在石油工业中的应用前景. 过滤与分离，1999，(3)：1-4

[74] 何利民. 除油水力旋流扶正器溢流口结构实验研究. 化工机械，2000，27(4)：193-196

[75] 郑应人. 宾汉液体的环空螺旋流场. 江汉石油学院学报，1988，10(2)：38-45

[76] 张海桥. 钻井液偏心环空螺旋流的无限细分法. 大庆石油学院学报，1991，15(2)：104-115

[77] 崔海青，刘希圣. The Helical flow of the Herschel Buckley fluid in an Annular space. 北京：北京大学出版社，1993

[78] 张海桥，崔海清. 幂律液体圆管螺旋流的解析解. 石油学报，1990，(1)：104-115

[79] 张景富，李邦达. 幂律液体偏心环空螺旋流层流压降计算. 石油钻采工艺，1992，4(5)：1-8，31

[80] 李邦达，刘永建. 偏心环空幂律流体层流螺旋流流量及压降计算. 石油钻采工艺，1991，3(5)：13-20

[81] 刘永建，王天成，柳颖，等. 偏心环空中幂律流体层流螺旋流流动规律的研究. 大庆石油学院学报，1995，19(3)：1-4

[82] 蒋世全. 偏心环空流场的研究与应用. 成都：西南石油学院博士学位论文，1994

[83] 蒋世全，施太和. 偏心环空层流螺旋流动的近似解析解. 水动力学研究与进展（A 辑），1995，10(5)：560-565

[84] 吴晓东，吕彦平，高士安，等. 地面驱动螺杆泵井杆管环空螺旋流数值模拟. 石油学报，2007，28(2)：133-136

[85] Samir A, Bakly E, Wafik O A. Custom designed water-based-mud system helped minimize hole washouts in high temperature wells：Case history from western desert, Egypt. Society of Petroleum Engineers，2007

[86] Marinea R, Shabrawy M, Sanad O, et al. Successful primary cementing of high-pressure saltwater kick zones. SPE North Africa Technical Conference and Exhibition, Marrakech, 2008

[87] Han G, Henson J, Timms A, et al. Wellbore stability study：Lessons and learnings from a tectonically active field. Asia Pacific Oil and Gas Conference and Exhibition, Jakarta, 2009

[88] 丁士东. 塔河油田紊流、塞流复合顶替固井技术. 石油钻采工艺，2002，24(1)：20-22

[89] 丁保刚，王忠福. 固井技术基础. 北京：石油工业出版社，2006

[90] 唐登峰. 巴喀油田固井工艺技术研究与应用. 石油钻采工艺，1998，20(2)：42-45

[91] 齐奉中，刘爱平，袁进平，等. 柴达木盆地北缘断块带高密度防窜水泥浆固井技术研究与应用. 钻采工艺，2002，25(3)：8-11

[92] 丁士东，高德利，胡继良，等. 利用矿渣 MTC 技术解决复杂地层固井难题. 石油钻探技术，2005，33(2)：5-7

[93] 吴悦悦，汪振坤，刘书东. 冀东油田高尚堡构造深井固井特点浅析. 钻井液与完井液，1999，16(6)：41-42

[94] 范先祥，钟福海，宋振泽，等. 楚 28 平 1 井固井技术. 钻井液与完井液，2005，22(2)：62-64

[95] 杨红歧，黄树明，林志辉，等. 大港油田马东深层矿渣 MTC 固井技术. 石油钻探技术，2003，31(4)：20-22

[96] 张书瑞，郭盛堂，何文革，等. 大庆油田深层气井固井技术. 石油钻探技术，2007，35(4)：56-58

[97] 蔡长立. 杜 84 块超稠油油藏完井固井工艺技术. 特种油气藏，1998，5(4)：48-50

[98] 刘天生，陈耀祖. 江汉油田盐膏层固井技术. 钻采工艺，2000，23(5)：89-90，97

[99] 范青玉，杨振杰，吴修宾. 可固化冲洗隔离液室内实验研究. 油田化学，2003，20(3)：202-204，212

[100] 贾芝，谢文虎，胡福源，等. 陕甘宁盆地中部气田的固井技术. 石油钻采工艺，1997，19(5)：32-39

[101] 闫振祥，覃永，杨杰，等. 商 56—斜 209 井固井工艺技术. 河南石油，2006，20(4)：60-61

[102] 张宏军，田善泽，荆延亮，等. 胜科 1 井 ϕ244.5mm×ϕ250.8mm 复合尾管固井技术. 石油钻探技术，2007，35(6)：27-29

[103] 张宏军，荆延亮，田善泽，等. 胜科 1 井中 ϕ339.7mm 套管双级固井技术. 石油钻探技术，2006，34(2)：69-71

[104] 崔军. 胜利油田探井完井新技术. 石油钻探技术，2003，31(4)：26-28

[105] 黄河福. MTC 技术理论与应用研究. 青岛：中国石油大学(华东)博士学位论文，2007

[106] 王斌，刘永鹏，张胜利，等. 安棚深层系固井技术研究. 河南石油，2003，17(6)：37-38

[107] 补成中，樊朝斌，彭刚. 川东北地区高压气井固井防窜技术分析. 钻井液与完井液，2008，25(1)：81-83

[108] 刘德平. 防止油层套管环空窜气的固井技术. 石油钻采工艺，1995，17(4)：49-53

[109] 莫军. 川西大尺寸套管长封固段固井技术. 西部探矿工程，2006，18(B6)：158-160

[110] 林强，陈敏，周利，等. 非常规短尾管固井技术在大斜度井的应用. 天然气工业，2005，25(10)：49-51

[111] 廖华林. 用数据库统计分析固井质量影响因素. 天然气工业，2006，26(8)：78-80

[112] 徐进. 川西地区高压天然气深井钻井完井技术. 石油钻探技术，2005，33(5)：68-71

[113] 严焱诚，朱礼平，吴建忠. 川西深井固井工艺现状及存在问题分析. 天然气勘探与开发，2008，31(2)：57-60

[114] Saleh S T, Pavlich J P. Field evaluation of key liner cemneting variables on cement bonding. SPE Western Regional Meeting, Long Beach，1994

[115] Wells M R, Smith R C. Analysis of cementing turbulators. SPE Drilling Engineering, 1991

[116] 陈道元，刘光树，杨全盛，等. 套管旋流扶正器的研制与应用. 石油钻探技术，1994，22(1)：61-64

[117] 李成林，张景富，王忠福，等. 实验确定旋流扶正器在环空中产生的旋流长度. 石油钻探技术，

1994，22(4)：47-49，57

[118] 张景富，李成林，王忠福，等. 套管弹性旋流扶正器的旋流规律及应用. 石油学报，1997，18(1)：111-115

[119] 蒋世全，施太和，杨道平. 套管旋流扶正器的流速模拟研究和应用. 中国海上油气（工程），1998，10(6)：31-37

[120] 蒋世全，施太和，黄逸仁，等. 环空泥浆流场的超声波测试及应用. 力学与实践，1995，17(4)：13-16

[121] 李洪乾. 水泥浆环空流动数值模拟及固井质量控制方法研究. 成都：西南石油学院博士学位论文，2002

[122] 刘希圣，翟应虎. 环形空间内幂律流体层流流场性质的分析. 石油勘探与开发，1979，(1)：84-86

[123] 陈文芳. 非牛顿流体力学. 北京：科学出版社，1984

[124] 程心一. 计算流体动力学—偏微分方程的数值解法. 北京：科学出版社，1984

[125] 刘光宗. 流体力学原理与分析方法. 北京：高等教育出版社，1992

[126] 张景富. 钻井流体力学. 北京：石油工业出版社，1994

[127] 盛森芝，沈熊，舒玮，等. 流速测量技术. 北京：北京大学出版社，1987

[128] 英国标准学会. ISO3966—2008 封闭管道中液体流量的测量——用皮托静压管的速度面积法

[129] 杨树人，金卓，常敏. 旋流扶正器作用下环空中气流两相螺旋流场压降研究. 石油矿场机械，2012，41(7)：15-18

[130] 赵学端. 水力学及空气动力学. 上海：上海科技出版社，1959

[131] 潘锦珊，单鹏编. 气体动力学基础. 北京：国防工业出版社，1989

[132] 黄逸仁. 非牛顿流体流动及流变测量. 成都：成都科技大学出版社，1993

[133] 成都科学技术大学水力学教研室. 水力学（上册）. 北京：人民教育出版社，1979

[134] 陈家琅. 水力学. 北京：石油工业出版社，1980

[135] 况太槐，马忠华. 一种套管旋流扶正器：中国，2046919. 1989-11-01

[136] 钟守明，王兆会，杨道平，等. 刚性旋流扶正器：中国，93245878. 1994-08-31

[137] 李成林，王忠福，张景富. 套管弹性旋流扶正器：中国，94203840. 1995-05-10

[138] 赵国良，姜鸿雁，相树林，等. 石油套管45度角旋流扶正器：中国，96238964. 1997-10-08

[139] Reinholdt B，Lorenz J，Stokka A. Cenralizer：US. 5，881，810. 1999-03-16

[140] 浙江大学，大庆石油学院. 增速型套管弹性旋流扶正器：中国，2460720. 2001-11-21

[141] 王兆会，蒋刚，牛建梅，等. 一种刚性扶正器：中国，200520016237. 2006-06-14

[142] 于林林，徐国金，覃勇，等. 一种树脂旋流扶正器：中国，201310634337. 2014-03-12

[143] 赵建国，李黔，尹虎. 满足页岩气水平井固井质量的套管扶正器研究. 石油矿场机械，2013，42(10)：22-24

[144] Ray Oil Tool Company. Soild spiral blade. https://www.rayoiltool.com/Soild_Spiral_Blade.html

[145] 舒秋贵，刘崇建，刘孝良，等. 环空幂律液体旋流研究与应用. 天然气工业，2006，26(10)：74-76，94

[146] 舒秋贵，周申立，柳世杰. 旋流扶正器导流能力评价. 天然气工业，2007，27(9)：59-61

［147］舒秋贵. 在旋流扶正器作用下环空流场旋流衰减规律研究. 天然气工业，2005，25(9)：57-60

［148］舒秋贵，罗德明. 宾汉塑性流体中旋流扶正器间距设计方法. 石油学报，已录用，未出版.

［149］Jakobsen J，Sterri N，Saasen A，et al. Displacement in eccentric annuli during primary cementing in deciated wells. SPE Production Operations Symposium，oklahoma，1991

［150］Sairam P，Savery M，Morgan R. Accurate and fast method for predicting actual top-of-cement depths in eccentric wellbores. North Aferica Technical Conference and Exhibition. Cairo，2010

［151］Wilson M A，Sabins F L. A laboratory investigation of cementing horizontal wells. Drilling Engineering，1988，3(3)：275-280

附录 A 附　　表

附表 1　实验设计

实验序号	旋流扶正器	实验介质	$Q/(L/s)$	Re'
1#	1	1	0.126	2140.127
2#	1	1	0.325	5520.17
3#	1	1	1.544	26225.05
4#	1	3	0.411	584.963
5#	1	3	0.881	1427.331
6#	1	3	1.624	2919.2
7#	1	4	0.386	143.962
8#	1	4	0.617	262.877
9#	1	4	1.543	852.705
10#	1	5	0.411	190.769
11#	1	5	0.686	384.416
12#	1	5	1.371	991.043
13#	1	1	0.478	8118.896
14#	1	1	1.037	17613.59
15#	1	2	0.508	1722.293
16#	1	6	0.508	728.780
17#	1	6	1.0	1675.817
18#	1	6	1.500	2758.828
19#	2	6	0.508	728.780
20#	2	6	1.0	1675.817
21#	2	6	1.500	2758.828
22#	3	6	0.508	728.780
23#	3	6	1.0	1675.817
24#	3	6	1.500	2758.828
25#	4	6	0.508	728.780
26#	4	6	1.0	1675.817

续表

实验序号	旋流扶正器	实验介质	$Q/(L/s)$	Re'
27#	4	6	1.500	2758.828
28#	5	6	0.508	728.780
29#	5	6	1.0	1675.817
30#	5	6	1.500	2758.828
31#	6	6	0.508	728.780
32#	6	6	1.0	1675.817
33#	6	6	1.500	2758.828

附表 2　环空为 100mm×50mm,偏心度为 25.51%,不规则段扩大率为 40% 顶替

序号	顶替序列	$\Delta\rho$ /(g/cm³)	$\bar{v}_a$ /(m/s)	$\bar{v}_0$ /(m/s) 宾汉流体	$\bar{v}_0$ /(m/s) 幂律流体	β	α
1	2# 顶 1#	0	0.54			>95.0	1.97
			1.50	1.32	0.98	74.7	1.31
			2.25			55.0	1.18
2	3# 顶 1#	0	1.43			40.0	0.93
			1.64	1.05	0.7	32.0	1.15
			2.26			25.0	1.10
3	4# 顶 1#	0	1.48			36.0	1.35
			1.58	0.14		17.7	1.32
			2.63			14.7	1.12
4	5# 顶 1#	0.26	1.39			27.2	1.30
			1.54	1.34	1.04	23.3	1.23
			2.20			4.2	1.17
5	6# 顶 1#	0.17	0.9			>34.0	2.41
			1.97	1.39	1.11	46.3	1.10
			2.21			46.9	1.17
6	8# 顶 4#	0.11	2.56	0.75	0.8	14.9	1.22
			2.66			10.8	1
7	4# 顶 8#	−0.11	2.3	0.14		48.5	1.27
			2.97			37.4	1.13

附表 3 环空为 100mm×50mm,偏心度为 17.35%,不规则段扩大率为 40%顶替

序号	顶替序列	$\Delta\rho$ /(g/cm³)	$\bar{v}_a$ /(m/s)	$\bar{v}_0$ /(m/s) 宾汉流体	幂律流体	β	α
1	5#顶1#	0.26	1.02	1.54	1.22	32.3	1.71
			2.56			7.1	1.17
2	6#顶1#	0.17	0.32	1.39	1.11	>22.6	1.71
			1.19			42.9	1.79
			2.79			29.0	1.12
3	7#顶1#	0.13	0.41	1.48	1.15	34.2	1.83
			1.77			49.4	1.65
			2.99			33.4	1.16
4	8#顶4#	0.11	0.95	0.75	0.8	29.1	2.17
			1.85			23.3	1.38
			2.11			14.1	1.01
5	4#顶8#	-0.11	0.78	0.14		35.0	1.68
			0.95			39.8	1.73
			2.99			25.1	1.03
6	3#顶1#	0	0.54	1.05	0.7	41.8	1.68
			1.83			33.4	1.14
			2.0			31.2	1.12
7	2#顶1#	0	0.24	1.32	0.98	11.0	1.47
			1.43			39.9	1.49
			2.18			30.6	1.15

附表 4 环空为 100mm×70mm,偏心度为 41.67%,不规则段扩大率为 40%顶替

序号	顶替序列	$\Delta\rho$ /(g/cm³)	$\bar{v}_a$ /(m/s)	$\bar{v}_0$ /(m/s) 宾汉流体	幂律流体	β	α
1	5#顶1#	0.26	0.35	1.4	1.36	26.6	1.79
			1.50			42.8	3.44
			2.67			86.3	2.05
2	6#顶1#	0.17	0.15	1.45	1.44	>21.4	1.99
			1.57			74.8	3.13
			2.37			74.5	1.91

续表

序号	顶替序列	$\Delta\rho$ /(g/cm³)	$\bar{v}_a$ /(m/s)	$\bar{v}_0$ /(m/s) 宾汉流体	幂律流体	β	α
3	7#顶1#	0.13	0.36			34.2	2.74
			1.42	1.48	1.47	67.7	2.71
			2.77			47.5	1.43
4	4#顶7#	−0.13	1.57			29.9	4.51
			2.02	0.03		19.2	2.95
			2.17			16.5	2.20
5	4#顶1#	0	0.17			>26.6	6.43
			1.15	0.03		16.4	2.45
			2.85			13.5	1.84
6	3#顶1#	0	0.45			21.37	2.24
			0.92	1.22	1.11	>50.1	2.30
			2.48			71.3	2.07
7	2#顶1#	0	0.67			38.5	2.51
			1.52	1.81	1.94	33.9	2.58
			2.06			>90.7	2.49

附表 5　环空为 100mm×70mm,偏心度为 15.33% 顶替

序号	顶替序列	$\Delta\rho$ /(g/cm³)	$\bar{v}_a$ /(m/s)	$\bar{v}_0$ /(m/s) 宾汉流体	幂律流体	β	α
扩大率 40%	3#顶1#	0	1.25	1.05	0.89	28.2	2.05
			2.77			12.6	1.26
	2#顶1#	0	1.12	1.33	1.26	26.0	1.95
			2.65			15.8	1.28
	6#顶1#	0.17	1.13	1.45	1.44	16.8	1.79
			2.17			10.5	1.32
	7#顶1#	0.13	0.96	1.48	1.47	14.0	1.97
			1.73			11.7	1.29
	5#顶1#	0.26	0.98	1.40	1.36	18.6	2.26
			2.63			15.0	1.40

续表

| 序号 | 顶替序列 | $\Delta\rho$ /(g/cm³) | $\bar{v}_a$ /(m/s) | $\bar{v}_0$ /(m/s) | | β | α |
				宾汉流体	幂律流体		
扩大率 15%	3#顶1#	0	1.85	1.22	1.11	17.5	1.50
			2.57			13.4	1.25
	2#顶1#	0	1.70	1.81	1.94	32.3	1.34
			2.70			19.7	1.18
	6#顶1#	0.17	1.02	1.45	1.44	12.4	1.56
			2.60			3.9	1.08

附录 B 附 图

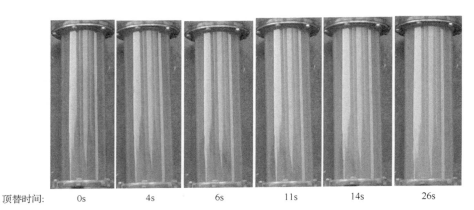

顶替时间:　　　0s　　　　4s　　　　6s　　　　11s　　　　14s　　　　26s

附图 1　不规则段轴向流顶替图

环空为 100mm×50mm,扩大率为 40%,偏心度为 17.35%;实验介质为 6# 顶替 1#

(密度差为 0.17g/cm³),环空平均流速为 1.19m/s

顶替时间:　　　0s　　　　5s　　　　10s　　　　15s

附图 2　不规则段轴向流顶替图

环空为 100mm×50mm,扩大率为 40%,偏心度为 25.51%;实验介质为 5# 顶 1#

(密度差为 0.26g/cm³),环空平均流速为 0.9m/s

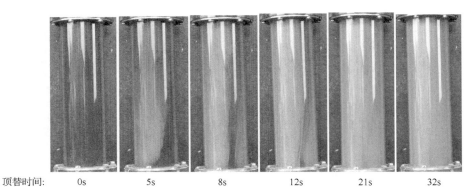

顶替时间:　　　0s　　　　　5s　　　　　8s　　　　　12s　　　　　21s　　　　　32s

附图 3　不规则段轴向流顶替图

环空为 100mm×70mm,偏心度为 15.33%,扩大率为 40%;实验介质为 5#顶 1#

(密度差为 0.26g/cm³),环空平均流速为 0.34m/s

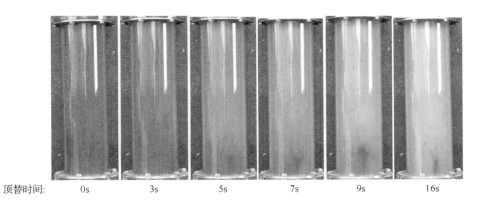

顶替时间:　　　0s　　　　　3s　　　　　5s　　　　　7s　　　　　9s　　　　　16s

附图 4　不规则段轴向流顶替图

环空为 100mm×70mm,偏心度为 15.33%,扩大率为 40%;实验介质为 5#顶 1#

(密度差为 0.26g/cm³),环空平均流速为 0.98m/s

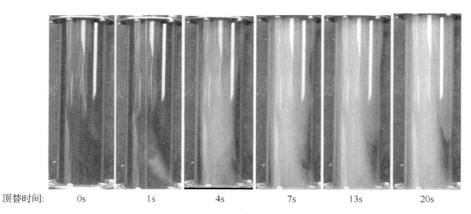

顶替时间:　　　0s　　　　　1s　　　　　4s　　　　　7s　　　　　13s　　　　　20s

附图 5　不规则段轴向流顶替图

环空为 100mm×70mm,偏心度为 41.67%,扩大率为 40%;实验介质为 7# 顶 1#

(密度差为 0.13g/cm³),环空平均流速为 1.42m/s

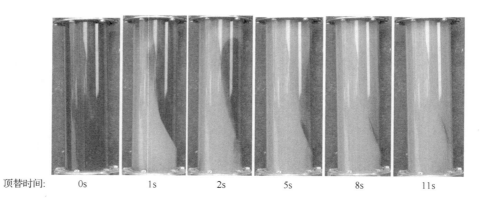

顶替时间:　　　0s　　　　　1s　　　　　2s　　　　　5s　　　　　8s　　　　　11s

附图 6　不规则段轴向流顶替图

环空为 100mm×70mm,偏心度为 41.67%,扩大率为 40%;实验介质为 7# 顶 1#

(密度差为 0.13g/cm³),环空平均流速为 2.77m/s

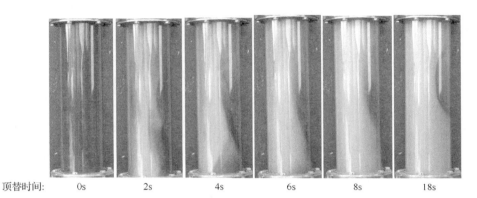

| 顶替时间: | 0s | 2s | 4s | 6s | 8s | 18s |

附图 7　不规则段轴向流顶替图

环空为 100mm×70mm,偏心度为 41.67%,扩大率为 40%;实验介质为 2#顶 1#(密度差为 0),
环空平均流速为 2.06m/s

| 顶替时间: | 0s | 3s | 6s | 12s | 18s | 30s |

附图 8　不规则段轴向流顶替图

环空为 100mm×70mm,偏心度为 41.67%,扩大率为 40%;实验介质为 2#顶 1#(密度差为 0),
环空平均流速为 1.52m/s

顶替时间:　　　　　0s　　　　　　8s　　　　　　14s　　　　　18s

附图 9　不规则段轴向流顶替图

环空为 100mm×50mm,偏心度为 25.51%,扩大率为 40%;实验介质为 3# 顶 1# (密度差为 0),

环空平均流速为 2.24m/s

顶替时间:　　　0s　　　　　3s　　　　　5s　　　　　8s　　　　　12s

附图 10　不规则段轴向流顶替图

环空为 100mm×70mm,偏心度为 15.33%,扩大率为 40%;实验介质为 7# 顶替 1#

(密度差为 0.13g/cm³),环空平均流速为 1.73m/s

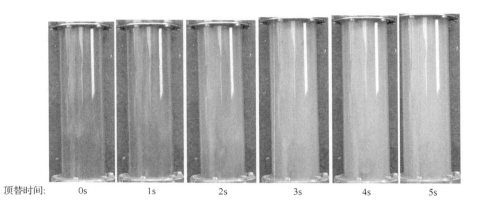

顶替时间: 0s   1s   2s   3s   4s   5s

附图 11 不规则段轴向流顶替图

环空为 100mm×70mm，偏心度为 15.33%，扩大率为 40%；实验介质为 5# 顶 1#

（密度差为 0.26g/cm³），环空平均流速为 2.63m/s